"十三五"国家重点图书出版规划项目
中 国 城 市 建 设 技 术 文 库

A Study on the Integration of Chinese and Western Architectural Culture
Taking Beijing-Tianjin-Hebei Churches as Precedents

中西建筑文化交融研究
以京津冀地区教堂建筑为例

李晓丹 陈智婷 富玫妹 金莹 杨明 著

（国家自然基金资助51078349）
（教育部新世纪优秀人才支撑计划NCET-13-1023）

华中科技大学出版社
http://www.hustp.com
中国·武汉

内容提要

本书以中西建筑文化交融的视角，全方位研究了京津冀地区的天主教堂建筑文化，时间节点是从明清时期到中华人民共和国成立。研究对象选取京津冀地区现存的具有代表性的18座天主教堂建筑（包括天主教堂附属建筑），分别从社会历史背景、发展状况、地域分布、总体艺术风格、建筑特征等方面做了系统的研究，厘清了京津冀地区教堂建筑文化的发展脉络，并从建筑类型学的角度，对其进行了细致的分析、对比与评价。

图书在版编目 (CIP) 数据

中西建筑文化交融研究：以京津冀地区教堂建筑为例 / 李晓丹等著 . -- 武汉：华中科技大学出版社，2020.1

（中国城市建设技术文库）

ISBN 978-7-5680-5693-9

Ⅰ.①中… Ⅱ.①李… Ⅲ.①教堂－宗教建筑－建筑文化－研究－华北地区 Ⅳ.①TU252

中国版本图书馆CIP数据核字(2019)第210244号

中西建筑文化交融研究：　　　　　　李晓丹　陈智婷　富玫妹　金莹　杨明 著
　以京津冀地区教堂建筑为例
Zhongxi Jianzhu Wenhua Jiaorong Yanjiu:
　Yi Jing-jin-ji Diqu Jiaotang Jianzhu Weili

策划编辑：金　紫　　　　　　　　　　　　　　　　责任编辑：周怡露
封面设计：王　娜　　　　　　　　　　　　　　　　责任校对：李　弋
责任监印：朱　玢
出版发行：华中科技大学出版社（中国·武汉）　　　电话：(027)81321913
　　　　　武汉市东湖新技术开发区华工科技园　　　邮编：430223
录　　排：华中科技大学惠友文印中心
印　　刷：湖北新华印务有限公司
开　　本：710mm×1000mm　1/16
印　　张：12
字　　数：188千字
版　　次：2020年1月第1版第1次印刷
定　　价：78.00元

前　言

Preface

近代科技的进一步发展，使得不同建筑文化之间的交流更加广泛、深入。在西方建筑历史中，教堂一直占据着非常重要的地位，无论从数量、规模还是建筑技术、建筑艺术上都深深影响着西方建筑的发展，处处彰显西方悠久灿烂的文化。天主教堂作为一种新的建筑形式在中国出现并初具规模，是西方文化与中国传统文化交融与碰撞的产物，丰富了中国的建筑类型，在中国建筑发展中具有特殊的地位。

兼收并蓄是中国建筑文化的重要特点，既体现了中国传统文化的根基，也反映了吸收外来文化带来的变化。明末清初，以为主要媒介的中西文化交流达到高潮，这次文化交流，是中西第一次大规模平等的深入的交流，"东学西渐"为当时的中国开启了接触西方先进科学知识的大门，"中学东传"中的四书五经为西方启蒙运动奠定了新的思想基础。在此期间，以传教士利玛窦为首的传教士为中西文化交流做出的贡献尤为显著，在建筑方面，则表现为受意大利建筑风格影响多些。但是，1840年后，受战争的影响，中西文化交流带有强烈的殖民主义色彩，当时全国各地的天主教堂建设数量明显增加，在风格上受法国影响多些。

学界关于天主教的传播和天主教堂建筑的研究主要集中在两个方面：第一，从历史学、宗教学的角度进行研究。其中比较有代表性的著作有法国汉学家谢和耐（Jacques Gernet）的《中国与基督教》（1982）、顾长声的《传教士与近代中国》（1981）、余三乐的《中西文化交流的历史见证》（2006）和佟洵的《基督教与北京教堂文化》（1999）等。第二，从建筑学的角度进行研究。杨秉德先生在其著作《中国近代中西建筑文化交融史》（2003）中指出，西方建筑对中国建筑产生的影响集中体现在中国的教堂建筑领域。许多学者从建筑空间、艺术手法等方面对教堂建筑展开研究，同时还将其与中国传统建筑做了比较。此外，针对中国不同地域的天主教堂的研究也已比较深入，包括上海、浙江、重庆、陕西等地区。这些研究对于地域性历史建筑的修复、保护和更新具有重要意义。

关于北京地区天主教堂的研究，杨靖筠老师在《北京天主教史》（2009）一书中，以历史学角度系统讲述了自元朝开始天主教在北京地区的传播过程，概括了北京 17 所天主教教堂的历史与全貌，生动呈现出颇具特色的北京天主教文化。中国建筑设计研究院建筑历史研究所编著的《北京近代建筑》（2008），收集整理了近代时期北京天主教堂建筑的珍贵历史图片和测绘图纸。清华大学张复合教授（2004）在对北京教堂建筑测绘基础之上，总体概括了北京基督教堂建筑300 年的风格演变。

关于天津地区天主教堂的相关研究成果主要集中在天津大学。杨秉德教授的著作《天津近代建筑史的断限与分期》（1988），王宁的硕士论文《天津原法租界区形态演变与空间解析》（2010），李琦的硕士论文《杂陈、共生与融合》（2009），褚泽晶的硕士论文《天津租界建筑保护再利用若干问题探讨》（2011），分别从建筑年代断限和区域划分、空间形态、建筑风格、建筑保护再利用的角度对天津近代建筑进行解析和研究，其中对教堂建筑虽有所提及，但未做重点研究。有部分硕博论文将天津教堂建筑作为典型案例进行了分析与研究：成帅的博士论文《近代历史性建筑维护与维修的技术支撑》（2011），将望海楼教堂的维修工程作为重要案例进行了研究；刘亮亮的硕士论文《近代历史风貌建筑的抗震性能研究》（2008），对紫竹林教堂进行了分析；李严、李哲、张玉坤在《建筑摄影测量系统及其应用案例》（2010）中使用"建筑摄影测量系统"对紫竹林教堂进行了测绘研究，是国内使用这一新技术对古建筑室内外进行整体测绘的第一个实例。

关于河北地区天主教堂建筑的整体性研究尚未发现。李晓晨在其专著《近代河北乡村天主教会研究》（2012）从社会学和历史学角度研究了天主教在河北的传播历史，但未涉及建筑学领域；西安建筑科技大学的杨豪中、孙跃杰的《宣化古城近代天主教建筑研究》（2006）从历史和建筑的角度对宣化天主教堂进行了分析。河北省民族宗教厅侯志华的论文《怀中所抱识其宠掌上所持知厥能——河北省大名县宠爱之母教堂》（2008）介绍了大名宠爱之母教堂的历史沿革及建筑概况。张沙的硕士论文《保定市天主堂音乐研究》（2011）从音乐角度分析了保定天主堂的相关文化。

综上所述，国内外学者在相关领域的研究已经取得了很好的进展和成果，但是将京津冀地区天主教堂建筑作为一个区域整体的专项研究目前尚未发现。

本书以中西文化交融的视角，全方位研究了京津冀地区的天主教堂建筑文化，时间节点是从明清时期到解放前。研究对象选取京津冀地区现存的具有代表性的18所天主教堂建筑，分别从社会历史背景、发展状况、地域分布、总体艺术风格、建筑特征等方面做了系统的研究，理清了京津冀地区教堂建筑文化的发展脉络，并从建筑类型学的角度，对其进行了细致的分析、对比与评价。

京津冀地区天主教堂的建筑融合中国传统文化，但其形体中包含与西式教堂建筑相似的比例、构图元素和母题，呈现出独具特色的"中西合璧"的建筑形象。研究该区域的天主教堂建筑，不仅为地域性建筑的修复、保护和更新提供基础资料，为从新的角度探讨同系列问题奠定基础；而且对保留中国传统建筑特色，探索具有中国特色的现代建筑设计提供思路与方法，实现不同建筑文化的和谐共生。

作者简介

李晓丹

　　女，汉族，教授，博士生导师，中国矿业大学（北京）建筑学（Architecture）专业负责人和学术带头人，教育部新世纪优秀人才，北京市"三八"红旗奖章获得者，教育部首批全国高校"双带头人"工作室负责人。兼任中国建筑学会工程建设学术委员会理事，中国建筑学会建筑经济分会理事，国家自然基金项目评审专家，教育部长江学者评审专家。主要研究方向为中西建筑文化交流、资源型城市可持续发展、城市生态环境与绿色建筑。

陈智婷	富玫妹	金　莹	杨　明
女，汉族，中国矿业大学（北京）博士在读。主要研究方向为中西建筑文化交流、资源型城市可持续发展，在重要期刊上发表论文5篇。参与国家自然基金项目2项。	女，汉族，中国矿业大学（北京）硕士学位。主要研究方向为中西建筑文化交流，毕业后主要从事林业建设项目管理。	女，汉族，中国矿业大学（北京）硕士学位。主要研究方向为中西建筑文化交流，现任淄博市建筑设计研究院建筑师。	男，汉族，中国矿业大学（北京）硕士学位。主要研究方向为中西建筑文化交流，现任中国建筑设计咨询有限公司建筑师。

序

Foreword

《中西建筑文化交融研究——以京津冀地区教堂建筑为例》一书汇总了国家自然基金项目"17—18世纪中西建筑文化交流"的部分研究成果，纳入教育部新世纪优秀人才支持计划，是作者多年潜心研究的结晶。作者长期致力于建筑史研究，在这一领域精耕细作，发表了《康乾期中西建筑文化交融》等精品力作，学风笃实。

京津冀地区协同发展是近年来社会各界广泛关注的问题。但学术研究不是"赶时髦"，随风摇摆的风派学术不可能具有生命力。但学者从自身的积累出发，以京津冀地区天主教堂建筑为研究对象，这种区域史的建构是可行的，恰恰呼应了实践的发展，不仅为地域性建筑的修复、保护和更新提供基础资料，为从新角度探讨同系列问题奠定基础，而且对保留中国传统建筑特色，探索具有中国特色的现代建筑设计提供思路与方法，值得嘉许。

宗教史研究在近年来是学术界非常活跃的领域。建筑是凝固的诗歌。天主教堂作为天主教教义的"有形陈述"，在本质上是天主教教会精神的物质载体，是天主教最具感染力的象征。作者从中西文化交流的视野审视京津冀地区天主教堂建筑，选题具有吸引力。

本书高度概括西方古典教堂的基本特征与艺术成就，揭示京津冀地区天主教堂的发展概况；结合京津冀地区现存的18座天主教堂的历史变迁，深度总结京津冀地区天主教堂的建筑风格。选取最具代表性的北京地区4座教堂作深入分析，归纳概括了经过本土化的天主教堂的建筑特征以及其中所钟毓的西方建筑文化与中国传统文化的交流与融合。全书通过对京津冀地区天主教堂建筑历史和艺术风格的总体审视，再到对北京地区4座教堂细致入微的案例分析，洞幽察微的"青蝇之眼"和洞察全局的"苍鹰之眼"相结合，最后落脚于京津冀地区天主教堂所呈现出的独具特色的中西合璧的建筑形象，结构精巧。

许多对于教堂建筑的研究纯粹是历史学者或者考古学者的研究，这种研究自然有其特别之处，但就建筑学的专业理论知识而言，借用康熙批评教会特使"此等人今譬如立于大门之前，论人屋内之事"一语，难免有"门外谈禅"之憾。作者是古代建筑艺术史研究出众的青年学者，具有扎实的建筑设计的理工科学术训练，这些年脚踏实地地进行调研，积累了大量的一手资料。这反映在本书中作者自摄的一幅幅珍贵照片、自绘的一张张生动的图片。不仅如此，作者打破了理工科与人文社会科学的壁垒，广泛搜集文献资料，善于文献史料与实地考察的二重证据印证。应该说，本书资料翔实丰富，考证绵密细致，图文并茂，文笔洗练，兼具知识性与美感。

综述以上，我认为这是一部不乏可圈可点之处的学术精品，极力推荐其出版问世，以惠泽学林。

张世明 教授 博士生导师
中国人民大学
2018 年 1 月 10 日

目　　录
Catalogue

第 1 章

天主教堂建筑的发展

Chapter I

The Development of
Catholic Church Buildings

中西建筑文化交融研究：以京津冀地区教堂建筑为例

A Study on the Integration of Chinese and Western Architectural Culture: Taking Beijing-Tianjin-Hebei Churches as Precedents

西方古典教堂[1]经历了不同时期的风格演变，京津冀[2]地区天主教堂建筑是受西方文化影响而发展起来的。本章追溯西方古典教堂在不同历史时期的基本特征与艺术成就，并就京津冀地区天主教堂的发展演化进行了概括。

一、西方古典教堂的发展演化
The Evolution of Western Classical Churches

西方古典教堂随着基督教的发展，在形制、结构和艺术上形成了自己的建筑风格，代表了当时最高的建筑技术与艺术水平，展示了西方建筑史的辉煌成就。西方古典教堂的发展主要经历了以下几个时期：早期基督教时期、拜占庭时期、中世纪时期、文艺复兴时期、巴洛克时期和古典主义时期。各时期具有代表性的西方古典教堂见表1-1。

表1-1 各时期具有代表性的西方古典教堂

分类	典型案例	全貌图	主立面图	内部空间
早期基督教堂	罗马圣保罗教堂			
拜占庭式教堂	圣索菲亚大教堂			
中世纪教堂	罗曼式教堂（意大利比萨大教堂）			

---

1 西方古典教堂建筑时期一般认为是从313年到17世纪下半叶。
2 之所以把京津冀地区作为整体来研究，有几方面的考虑，京津冀地区自古以来就是一个文化圈，且近代之后划归一个教区。

续表

分类	典型案例	全貌图	主立面图	内部空间
中世纪教堂	哥特式教堂（法国沙特尔大教堂）			
文艺复兴式教堂	意大利佛罗伦萨大教堂			
巴洛克式教堂	罗马耶稣会教堂			
古典主义教堂	巴黎伤兵院新教堂			

（图片来源：王宇辉、李昕琪、吴畏、贾丽君绘制；其他图片来源：西方建筑史 [M]）

中西建筑文化交融研究：以京津冀地区教堂建筑为例

A Study on the Integration of Chinese and Western Architectural Culture: Taking Beijing-Tianjin-Hebei Churches as Precedents

西方教堂平面主要有四种典型形制：巴西利卡式、拉丁十字式、希腊十字式和集中式（见表 1-2）。

表 1-2　西方教堂典型平面形制示意图

形式	巴西利卡式	拉丁十字式	希腊十字式	集中式
平面图				

（图片来源：贾丽君绘制）

（一）早期基督教时期

基督教产生之初，因受歧视、迫害而遭到众多限制，圣礼只能在秘密进行。到 4 世纪，基督教成为罗马国教，信徒随之增多。教会强调基督教"平民化"的特性，并需要能容纳大量信徒进行朝拜的大空间教堂。"巴西利卡"是古罗马用作法庭、交易所或会场的大厅，这种建筑物内部疏朗，可以满足多数人聚会，并能体现没有阶级差别的平等性，因此教会将其作为教堂建筑的模式。因此，早期的巴西利卡式教堂在建筑史上被称为"早期基督教堂"。

巴西利卡式教堂是长方形大厅，纵向被 2 排或 4 排柱子分为 3 个或 5 个长条空间：中央是中厅，宽而高；两侧是侧廊，窄而低；同时利用中厅与侧廊的高差开设高侧窗（见表 1-2 巴西利卡式平面形制）。根据教会举行仪式时的规定，大厅西端设入口，东端设祭坛，祭坛为半圆形，并用半个穹顶覆盖。祭坛之前设祭坛。这种形式在古代被认为是教堂建筑最完美的形式，曾流行数百年。

巴西利卡式教堂的问世使得西方建筑艺术中首次出现一种典型的基督宗教建筑特色和风格，它曾影响西方古代建筑的发展走向，亦影响了不少民俗建筑的发展[1]。

现存的罗马圣保罗教堂、圣科斯坦沙教堂（图1-1）保留有不少巴西利卡式建筑的遗风。

图1-1 圣科斯坦沙教堂

（图片来源：王冠群绘制）

（二）拜占庭时期

"拜占庭式"始于4世纪的东罗马帝国，延续至15世纪下半叶东罗马帝国灭亡，是东欧主要的教堂建筑风格，因东罗马帝国首都"拜占庭"而得名。

拜占庭式教堂综合了古西亚的砖石拱券、古希腊的古典柱式以及古罗马的宏大规模，构成独具特色的综合性建筑。教堂的平面形制包括巴西利卡式、

---

1 卓新平：《教堂建筑艺术漫谈》《中国宗教》2008年第3期，第45页。

中西建筑文化交融研究：以京津冀地区教堂建筑为例

A Study on the Integration of Chinese and Western Architectural Culture: Taking Beijing-Tianjin-Hebei Churches as Precedents

希腊十字式[1]和集中式[2]。教堂以圆顶和拱形结构为主，屋顶为穹窿形状，由独立支柱和帆拱[3]组合而成。拜占庭式教堂运用大面积的表面装饰，包括玻璃马赛克、粉画和石雕：平整的墙面贴彩色大理石板，拱形表面贴马赛克或粉画，柱头等石头砌筑的部位则做程式化植物或几何图案的雕刻。

拜占庭式教堂的贡献有以下方面。第一，成熟的结构体系。这类教堂在结构上解决了方形平面上覆盖穹窿圆顶的承接过渡问题，并通过帆拱和鼓座的结构方式，强化穹顶在整体构图上的统领作用，创造了新的教堂艺术形式。第二，宽阔高敞的内部空间。结构体系完善，教堂不再需要连续的承重墙，通过中央穹顶之下空间及其周围空间的变化布局可以获得统一集中而又丰富多变的内部空间。第三，绚烂夺目的色彩效果。彩色大理石、玻璃马赛克等内部装饰的运用，取得非常富丽堂皇的内部色彩效果。

君士坦丁堡的圣索菲亚大教堂（图1-2）、格拉查尼茨教堂（图1-3）、瓦加沙帕特圣瑞普西梅教堂（图1-4）是拜占庭式教堂的典型代表。

图1-2　圣索菲亚大教堂内部穹顶图

（图片来源：李昕琪绘制）

1　教堂中央的穹顶和四面的筒拱构成等臂的十字，得名希腊十字式。

2　东正教宣扬信徒之间关系亲密，不像天主教那样注重祭坛的神秘仪式。由于集中式形制内部空间具有向心性，祭坛接近信众，而被许多东正教堂采用。

3　帆拱（pendentive）是对古罗马"穹拱"一种地域性的变异及重新诠释。在四个柱墩上沿方形平面的四条边长做券，在四个垂向券拱之间砌筑一个过四个切点的相切穹顶，水平切口和四个发券之间所余下的四个角上的球面三角形部分，称为"帆拱"。它的自重完全由四个券拱下的柱墩承担，这一结构不仅使穹顶与方形平面的承接过渡在形式上自然简洁，也将荷载集中至四座柱墩上，而不是由连续的石砌墙承重。

图 1-3　格拉查尼茨教堂

（图片来源：外国建筑史 [M]）

图 1-4　瓦加沙帕特圣瑞普西梅教堂

（图片来源：西方建筑史 [M]）

（三）中世纪时期

中世纪[1]主要是指西欧的封建时期，该时期基督教堂的建筑风格主要表现为天主教堂的罗曼式建筑和哥特式建筑。

1　中世纪指从西罗马帝国灭亡到 15 世纪资本主义制度萌芽的欧洲封建社会时期。

中西建筑文化交融研究：以京津冀地区教堂建筑为例

A Study on the Integration of Chinese and Western Architectural Culture: Taking Beijing-Tianjin-Hebei Churches as Precedents

1. 罗曼式

罗曼式[1]教堂建筑起始于欧洲中世纪加洛林王朝时期，盛行于9—12世纪，代表着西欧中世纪早期最主要的教堂建筑风格。因其模仿古罗马凯旋门、城堡及城墙等建筑式样，采用古罗马建筑中的券、拱结构，故称"罗曼式"。

这种建筑形式是在早期基督教堂巴西利卡平面形制基础上的进一步发展。教堂在祭坛前加建一道横向空间，使得中厅纵深、横厅宽阔，外观上构成十字架形，称"拉丁十字式[2]"（见表1-2拉丁十字式平面形制）。教堂主要特征如下：墙体巨大厚实，墙面常用连续小券；半圆拱门门框逐层挑出，门洞饰以圆弧形拱环；窗上部冠以有多层线脚且逐渐内收的拱券；教堂西立面常有两座钟楼，有时也会将钟楼置于拉丁十字的交点和横厅上；室内采用交叉拱顶结构以及层叠的连拱柱廊、低矮的圆屋顶以及窄小的窗口，使教堂内部光线黯淡，营造一种神秘、幽暗的气氛。中厅与侧廊较大的空间变化，以及朴素的中厅和华丽的祭坛的强烈对比，给人以丰富的空间感受。

罗曼式教堂的贡献如下：第一，取代早期基督教堂所用的外露木质屋架，采用石料砌筑、穹窿结构，提高了耐久性以及视听效果；第二，结合沉重的结构与垂直向上的动势，整个造型开始由沉重向轻巧过渡；第三，引用钟楼，在建筑史上第一次成功地将高塔引入建筑的完整构图中。[3]

德国亚琛大教堂中的帕拉丁礼拜堂是早期罗曼式建筑的代表（图1-5）；法国康奎斯的圣弗伊修道院是现存最早的罗曼式教堂（图1-6）；德国沃尔姆斯教堂（图1-7）是德国罗曼式建筑中在风格上最为突出的作品；德国的施派尔大教堂（图1-8）是现存最大的罗曼式教堂；意大利的比萨大教堂也是罗曼式教堂的典型范例。

---

1 罗曼式教堂艺术可分为两类：其一是加洛林王朝传统较强的德国、法国北部、英国等北方系统；其二是受东方影响较大的意大利北部、法国南部等南方系统。但它们之间亦相互交流、彼此融合。引自：张宏：《艺术的殿堂——西欧古典教堂选例》，东南大学出版社，2000年，第5页。

2 十字形被认为是耶稣基督殉难时的十字架的象征，具有神圣之意，故天主教会一直视拉丁十字式为最正统的教堂形制。

3 焦艳美：《天主教堂建筑风格》，《中国宗教》1995年第2期，第51页。

图 1-5 德国亚琛大教堂中的帕拉丁礼拜堂

（图片来源：吴畏绘制）

图 1-6 法国康奎斯的圣弗伊修道院[1]

（图片来源：吴畏绘制）

_____

1 于 800—805 年之间建成，西面的两个尖塔为 19 世纪所加。

中西建筑文化交融研究：以京津冀地区教堂建筑为例

A Study on the Integration of Chinese and Western Architectural Culture: Taking Beijing-Tianjin-Hebei Churches as Precedents

图 1-7　德国沃尔姆斯教堂（1840 年）

（图片作者：赫费尔）

图 1-8　德国的施派尔大教堂

（图片来源：最大的罗马风教堂 [J]）

2. 哥特式

哥特式教堂于12世纪上半叶最先在法国出现，盛行于12—16世纪，是西欧中世纪鼎盛时期最为典型的教堂建筑风格。

哥特式教堂通过对石砌拱券结构技术的进一步推敲发展，改变了罗曼式教堂建筑的浑圆、敦实、坚厚、昏暗的特点，以其完善的结构体系和艺术处理形成独特、成熟的风格。哥特式教堂的基本特点是：堂身墙壁较薄，不再起支撑作用；线条轻快的尖形拱门取代罗曼式建筑中厚重昏暗的半圆形拱门；教堂窗户很大，几乎占满整个空间，成为最适宜装饰的地方。教堂外部立有许多造型挺拔、高耸入云的尖塔，并通过修长的立柱或簇柱、轻盈通透的飞扶壁来增强教堂的高度感，产生令人惊异的框架效果，使人可从外观上来领悟其空灵、玄奥之妙景。教堂内部形式仍采用十字式，室内拱券呈尖状，骨架券从柱墩上散射出来，有强烈的升腾动势。中厅一般宽而高长，对祭坛有明显的导向性。教堂内部营造出很强的宗教气氛：堂内高大明朗、镶嵌彩色玻璃的花窗，给人以光怪陆离、天国神秘之感；墙上装饰有生动形象的浮雕和石刻圆柱，布局和谐，体现教堂的庄严、肃穆和神圣。

哥特式教堂的贡献如下：第一，采用彩色玻璃花窗，使其成为"天堂之窗"，上帝透过这扇窗户将真理之光撒向尘世[1]，形成了一种飘忽的氛围，唤起基督徒心灵的回应。第二，视觉上使用肋架券把柱子和拱顶连成一体，使教堂内部成为浑然一体的艺术形式。第三，使用尖券，尖券比半圆券轻巧，视觉上更有向上的动势，与肋架券的艺术效果一致，同时高度统一，使内部空间形象更加单纯、整齐。第四，使用飞扶壁，由飞扶壁承托中厅拱顶侧推力，墙壁可以开高大侧窗，使教堂内部更为明亮。此外，飞扶壁成排高高跨越于侧廊上空，使教堂外观轻灵明快，极富弹性[2]。哥特式教堂通过改良建筑结构，达到了建筑艺术与技术的完美统一。

法国的巴黎圣母院（图1-9）是法国哥特式教堂建筑风格成熟的标志；德国科隆大教堂（图1-10）、法国沙特尔大教堂（见表1-1）亦是哥特式教堂的典范。

1　卡米尔：《哥特艺术——辉煌的视像》，中国建筑工业出版社，2004。

2　周楠：《浅谈哥特式教堂的建筑语汇》，《艺术与设计》2009年，第124页。

中西建筑文化交融研究：以京津冀地区教堂建筑为例

A Study on the Integration of Chinese and Western Architectural Culture: Taking Beijing-Tianjin-Hebei Churches as Precedents

图 1-9　巴黎圣母院立面图

（图片来源：王宇辉绘制）

图 1-10　德国科隆大教堂室内图

（图片来源：李昕琪绘制）

（四）文艺复兴时期

14 世纪，意大利西欧资本主义开始萌芽，新兴资产阶级不断与宗教势力作斗争，视中世纪文化为历史的倒退。他们推崇古希腊古罗马的古典建筑，力图复兴古典文化，欧洲由此进入文艺复兴时期。

文艺复兴建筑最早兴起于意大利佛罗伦萨，15—17 世纪迅速流行。当时人们认为文艺在希腊、罗马古典时代曾高度繁荣，但在中世纪"黑暗时代"却衰败湮没，直到 14 世纪以后才获得"再生"与"复兴"，故称其为"文艺复兴[1]"。

文艺复兴式教堂摒弃哥特式教堂的垂直、狭长、明亮、幽秘的特点，追

1　文艺复兴一词源自意大利文"Rinascita"，在 14—16 世纪时已被意大利人文主义作家和学者使用。

求古典建筑的整齐、对称、节奏明快以及庄重大方。建筑物底层以及门窗多采用粗琢的石料，故意留下粗糙的砍凿痕迹。教堂重复使用古希腊建筑中的山花、柱式以及古罗马建筑中的半圆拱券和半球穹窿，用多层水平线脚等方式把古典元素组合得更加丰富。教堂设计大多采用对称手法，沿水平方向扩展，轴线突出。平面多采用集中式，上覆巨型穹窿。从教堂内部看，其特点表现为祭坛与中厅不再分开，大厅扩大了总体面积，增加了座位。同时装饰上也增加了更多世俗生活的气息：用对称、放射、回旋的装饰纹样代替哥特式教堂的直线连绵、不断上升的格局特征，注重描绘自然景象。教堂力求借助宗教人物故事歌颂现实生活[1]。

文艺复兴式教堂的贡献如下：第一，在采用古典柱式的同时又加以灵活变通，把古典元素组合得更加丰富；第二，将文艺复兴时期许多科学技术上的成果[2]运用到教堂建筑的创作实践中。总之，文艺复兴时期的建筑风格、建筑结构是全新的，突破了风格主义的常规，创造出一种新颖而生动的活力。

意大利佛罗伦萨主教堂（见表 1-1 文艺复兴式教堂典型案例）的穹顶是意大利文艺复兴建筑开始的标志；罗马的圣彼得大教堂（图 1-11）是意大利文艺复兴最伟大的纪念碑；德国的慕尼黑圣弥格教堂（图 1-12）也是文艺复兴式教堂的典型范例。

（五）巴洛克时期

16 世纪，西方世界爆发宗教改革运动[3]，天主教获得胜利，决定恢复中世纪式的信仰，于是教会大量兴建教堂。巴洛克[4]式教堂建筑专指宗教改革运动之后在天主教内部为抵制宗教改革而形成的教堂建筑特色，是 17—18 世纪在意大利文艺复兴建筑基础上发展起来的一种建筑和装饰风格。

---

1 黄慧华：《浅谈哥特式建筑艺术和文艺复兴时期教堂建筑不同特征》，《广东建筑装饰》2004 年第 4 期，第 23 页。
2 文艺复兴时期科技成果有力学上的成就、绘画中的透视规律、新的施工器具等。
3 宗教改革是指基督教在 16—17 世纪进行的一次改革，是披着宗教外衣的一场资产阶级性质的改革。
4 "巴洛克"一词的原意是"奇异古怪"，因为这种建筑和装饰风格突破了欧洲古典的、文艺复兴的"常规"，故称其为巴洛克式。

中西建筑文化交融研究：以京津冀地区教堂建筑为例

A Study on the Integration of Chinese and Western Architectural Culture: Taking Beijing-Tianjin-Hebei Churches as Precedents

图 1-11　罗马的圣彼得大教堂

（图片来源：李昕琪绘制）

图 1-12　德国的慕尼黑圣弥格教堂祭坛

（图片来源：贾丽君绘制）

从 16 世纪末到 17 世纪初为早期巴洛克时期。早期巴洛克式教堂平面采用拉丁十字式，为利于举行中世纪式的天主教仪式，把侧廊改为几间小礼拜堂。教堂外观形式新颖：立面用断折式的元素打破叠柱所形成的水平联系，突出垂直划分；墙面设计了较深的壁龛，追求强烈的体积变化和光影变化；开间宽窄变化很大，追求节奏的不规则跳跃；改变建筑元素的固有形式，制造反常出奇的新形式；教堂内部运用大量绘画和雕刻，消除建筑各部分原有的界限，体现建筑的动态和空间的流动；处处饰以铜、大理石和黄金，璀璨缤纷，流露"富贵"之气。17 世纪 30 年代以后的教堂作为一种纪念物，规模较小，采用集中式平面。教堂空间中常常使用曲线、曲面，使用螺旋式的柱子、圆形的台阶，空间的运动感更加强烈。

虽然有些巴洛克式教堂过分追求华贵气魄，形体过于琐碎。但是特定历史背景下产生的这种教堂风格在西方建筑史上仍具有重要意义：第一，通过制造出奇的新形式，打破了对古罗马建筑理论家维特鲁威的盲目崇拜，反映了向往自由的世俗思想；第二，通过运用富丽堂皇的建筑风格，营造了强烈的神秘气氛，迎合了教会追求神秘以及炫耀财富的需求。因此，巴洛克式建筑从罗马发端后，一度在欧洲广泛流行[1]。

意大利罗马的耶稣会教堂（见表 1-1 巴洛克式教堂典型案例）、德国罗赫尔修道院教堂（图 1-13）和西班牙的圣地亚哥大教堂（图 1-14、图 1-15）是巴洛克式教堂的典型代表。

（六）古典主义时期

17 世纪，法国的古典主义建筑成为欧洲建筑发展的又一个主流，17 世纪下半叶达到鼎盛。古典主义时期基督教堂的特点如下：平面轴线对称，强调主从关系；立面外观简洁，且几何性明确，强调端庄和谐；内部空间明亮，通过柱式组合体现严谨的逻辑性。

古典主义时期的基督教堂摒弃烦琐装饰而力求简洁，强调几何构图、比

1　马宁，寿劲秋：《澳门圣若瑟圣堂——巴洛克建筑手法的演绎》，《广东建筑装饰》2005 年第 6 期，第 54 页。

中西建筑文化交融研究：以京津冀地区教堂建筑为例

A Study on the Integration of Chinese and Western Architectural Culture: Taking Beijing-Tianjin-Hebei Churches as Precedents

图 1-13　德国罗赫尔修道院教堂

（图片来源：贾丽君绘制）

图 1-14　西班牙圣地亚哥大教堂中厅

（图片来源：贾丽君绘制）

图 1-15 西班牙圣地亚哥大教堂

（图片来源：李昕琪绘制）

例以及素描式的形体美，突出对纯净性、理性和纪念性的追求；采用巨柱式的构图手段，创造了大尺度纪念性建筑的新形象，对 18—19 世纪的学院派建筑产生了重要影响。

古典主义时期教堂建筑的典型代表是巴黎伤兵院新教堂（见表 1-1 古典主义教堂典型案例）。

二、京津冀地区天主教堂建筑发展概况

Overview of the Development of the Catholic Church in the Beijing-Tianjin-Hebei Region

中国天主教堂建筑的历史最早可以追溯到元代，最初主要集中在元大都（今北京）。来自罗马天主教的方济各会修士孟高维诺（Giovannida Montecorvino，1247—1328 年）于元大德三年（1299 年）在元大都"筑教堂一所"，"设钟楼一所，置三钟"[1]。这是中国已知最早的天主教堂，也"可能是西洋建筑在中国第一次出现"[2]。天主教的传播得到了元朝皇帝的许可和支持之后，

---

1 引自："蒙特·科维诺第一遗札"，载《中西交通史料汇篇》第二册（张星烺编著，辅仁大学丛书第一种，1928 年刊印）第 107 页。
2 引自：张复合：《圆明园"西洋楼"与中国近代建筑史》，《清华大学学报（哲学社会科学版）》，1986 年第 1 期。

中西建筑文化交融研究：以京津冀地区教堂建筑为例

A Study on the Integration of Chinese and Western Architectural Culture: Taking Beijing-Tianjin-Hebei Churches as Precedents

大量天主教建筑在中国应运而生。

　　元代的也里可温教堂在组织形态上借鉴了佛教建筑的某些形式，因此也里可温教堂大多也被称作寺（时称"十字寺"）。也里可温教堂通常采用汉传佛教建筑常用的建筑形式，其风格与欧洲本土的教堂大相径庭。但随着1368年元朝灭亡，也里可温教在中国逐渐没落，相关建筑大多改作他用，极少留存下来。目前京津冀地区仅有北京市门头沟区后桑峪村天主堂（图1-16）属元代所建，是京津冀地区现存最古老的天主教堂之一，现存建筑是1987年落实宗教政策后复建的。

图1-16　北京门头沟区后桑峪村天主堂

（一）明清时期以北京为中心的大发展

　　明清时期是天主教建筑在中国的大发展时期，其主要范围在北京。在当时的国际背景之下，面对强大的中国，西方文化以一种相对平等的方式传入中国，这与19世纪以后西方列强用大炮打开中国大门时的传教从根本上是不同的。当时中国人也以极其宽容的态度，主动吸收大量西方文化，教堂的设计者大多是在华的传教士，前期主要是以利玛窦为代表的意大利传教士，后期主要是以汤若望为代表的法国传教士。其中有的天主教堂建筑是以中式风格为主，有的则是以西式风格为主，充分地体现了中西文化的交融、中西方建筑元素并存的特点。

　　一方面，西方脱离了中世纪的蒙昧状态，开始走上资本主义道路。而中国的农业和手工业经过几千年的发展，已经达到了很高的水平，商品经济已得到了发展，明末清初，中国在经济上总体实力依然处于领先地位。这种局面为双方文化的平等交流奠定了物质基础。另一方面，西方一些强国竭尽全力向远东进行殖民主义扩张，竞相追逐他们视为珍宝的中国丝绸、瓷器和医药以及东南亚的香料等。正是在这一历史背景下，西方传教士们身负所谓"救人灵魂"和"淘金"的双重使命，与商人一同涌向世界各地，势不可挡。

明嘉靖三十一年（1552 年）8 月，西班牙传教士圣方济·沙勿略[1]（图 1-17）抵达中国广东省新宁县上川岛[2]。他的到来拉开了明清时期天主教在中国传播的序幕。

嘉靖三十二年（1553 年）[3]，葡萄牙商人以贿赂手段在澳门获得留居权，成为最早来到澳门的西方人。[4] 最早来澳门的天主教教士名为公匝勒（Gregorio Gonzalez），他于明嘉靖三十四年（1555 年）抵澳后，建造了一所教堂，这是澳门的第一座教堂[5]。

图 1-17　圣方济·沙勿略画像
（图片来源：日本神户市立博物馆）

1　圣方济·沙勿略（San Francisco Javier, 1506—1552 年）：名字多译为圣方济·四维、圣方济·萨威、圣法兰西斯·沙勿略等。西班牙传教士，耶稣会创始人之一，被天主教会称为"历史上最伟大的传教士"，是"传教士的主保"。他是将天主教信仰传播到亚洲马六甲和日本的第一人，也是第一个进入中国大陆的传教士。作为耶稣会创始人之一，圣方济·沙勿略是耶稣会最先在亚洲对文化适应政策进行探索的传教士。他对中西方建筑文化交流方面的最大贡献在于为罗明坚、利玛窦等人的创造性工作奠定了坚实的基础。

2　上川岛是一个离中国海岸约 30 海里的荒芜岛屿，当时中国厉行海禁，禁止同葡萄牙人通商，葡萄牙人只得与华人私下贸易。上川岛便是中葡商人走私贸易的中心。中国船舶载土货至上川，满载西方船只所运货物而归。

3　蔡鸿生：《澳门史与中西交通研究》，第 19 页；还有一说认为是 1535 年。

4　马士：《远东国际关系史》第 22 页中也说"葡萄牙人只是靠了经常行贿，才能在澳门立足的"。

5　晏可佳：《中国天主教简史》第 29 页说这是一所草屋，可能有误，因据《明史·佛郎机传》，嘉靖"三十四年，又于隔水青州建寺，高六七丈，闳敞奇阁，非中国所有"。可能是一座西式教堂，非草屋。

中西建筑文化交融研究：以京津冀地区教堂建筑为例

A Study on the Integration of Chinese and Western Architectural Culture: Taking Beijing-Tianjin-Hebei Churches as Precedents

嘉靖三十六年（1557年），葡萄牙殖民者私自扩充居地、构筑炮台、强行租占了澳门。当时教皇授意由葡萄牙天主教会主要负责东方地区的传教事务，所以，澳门成了天主教在远东的驻地，出现了早期的天主教建筑。明万历四年（1576年），天主教澳门教区正式成立，负责管理中国、日本、越南的天主教传教事务。从此，耶稣会通过澳门登陆的传教士更是纷至沓来，其他教会的教士也接踵而至，并不断兴建教堂作为他们的传教场所。

1. 明末的兴起

明万历二十九年（1601年），利玛窦因送给神宗皇帝圣经、天主像、自鸣钟、万国图等西式礼物得到皇帝接见，被恩准留京传教，正式拉开了天主教堂建筑在京津冀地区发展、演化的序幕。由于明清时期京津冀地区天主教建筑的发展主要集中在北京地区，因此本章以北京地区为例进行详细研究[1]。

（1）宣武门天主堂（南堂）

明万历三十三年（1605年），利玛窦以五百金在宣武门内购地置屋。之后，利玛窦买下寓所旁的"百善书院"（原为明东林讲学之所），将其改建成"一间漂亮宽阔的礼拜堂"[2]，这是南堂的前身。教堂平面为长方形，建筑外观沿用中国传统样式。明万历三十八年（1610年），南堂进行过一次扩建，"加盖三间房作为顶层，底层也增加了三间……这所房子整个有墙环绕"[3]。由神父熊三拔主持，工期不长，"用了二十天工夫"[4]，工程也并不很大，但是使南堂有了真正的礼拜堂[5]，这是明末天主教在北京建立的第一座大教堂。该建筑平面为长方形，"大厅长70尺，宽35尺[6]"；建筑外观沿用中国传统式样，细部有西式装饰，"门楣、拱顶、花檐、柱顶盘悉按欧式"，内部装饰采用

---

1 据现有史料记载，天津地区天主教建筑的建设始于1840年以后；1664年，河北省境内建有10座天主教堂，到1701年时，建有教堂27座；但是关于河北天主教堂建筑翔实的历史资料比较匮乏，因此明清时期京津冀天主教堂建筑的发展过程以北京地区为例来展开说明。

2 利玛窦，金尼阁：《利玛窦中国札记》，何高济，王遵仲，李申，译，中华书局，2010，第514页。

3 利玛窦，金尼阁：《利玛窦中国札记》，第515页。

4 罗渔译：《利玛窦书信集》，光启出版社，1986，第456页。

5 余三乐：《中西文化交流的历史见证——明末清初北京天主教堂》，广东人民出版社，2006，第36页。

6 罗马尺，每尺约合0.24米。裴化行：《利玛窦评传》，第618页。

西式风格，大耶稣教者利玛窦，"自欧罗巴国航海九万里入中国，神宗命给廪，赐第此邸。邸左建天主堂，堂制狭长，上如覆幔，傍绮疏。藻绘诡异，其国藻也。供耶稣像其上，画像也，望之如塑，貌三十许人。左手把浑天图，右叉指若方论说次，指所说者。须眉竖者如怒，扬者如喜，耳隆其轮，鼻隆其准，目容有瞩，口容有声，中国画绘事所不及。所具香灯盖帏，修洁异状。右圣母堂，母貌少女，手一儿，耶稣也。衣非缝制，自顶被体，供具如左……其国俗工奇器，若简平仪、龙尾车、沙漏、远镜、侯钟、天琴之属"[1]。因此，南堂早期的建筑风格以中国传统风格为主，以西式风格为辅，虽然只是两种风格的简单"嫁接"，但这是明末中西方建筑文化第一次大规模的碰撞，是一次非常成功的尝试。

可惜好景不长，明万历四十四年（1616 年），南京教案爆发，明朝政府严禁国人信教，并令在京的耶稣会士均归澳门，南堂遂被官府封禁。明崇祯二年（1629 年）礼部尚书徐光启受命主持开局修历，他借机举荐了一些精通天文历法的传教士来京参与修历，南堂才得以恢复昔日的宗教活动。

（2）利玛窦墓

明万历三十八年（1610 年）5 月 11 日利玛窦在京病故。神宗皇帝破例赐地，在阜成门外二里马尾沟滕公栅栏，由龙华民[2]指导设计墓地[3]。这是中国的第一座天主教士墓地，形制为中西合璧式：墓是西方式的，墓碑是中国式的。"其坎封也，异中国。封下方而上圆，方若台圮，圆若断木。后虚堂六角，所供纵横十字文。后垣不雕篆而旋纹。脊纹，螭之岐其尾。肩纹，蝶之矫其鬓。旁纹，象之卷其鼻也。垣之四隅，石也，杵若塔若焉。"在花园的一端，

1　刘侗：《帝京景物略》，第 147 页。

2　龙华民（Nikolaus Longbardi，1582—1654 年），字精华，明万历十年（1582 年）生于意大利西西里岛。明万历二十五年（1597 年）来华，先传教于江西，后进都中。利玛窦死后，他来元大都接替利玛窦任中国耶稣会会督。龙华民在京期间曾被明廷聘用，参与修历。在传教方法上，龙氏持正统态度，反对利玛窦入乡随俗的做法，不同意中国教徒敬孔、祭祖，认为这是迷信，引发了后来长达两个世纪之久的"礼仪之争"。龙华民还是在中国刊行经书圣传的发起人，撰述有关基督教方面的著作二十余种。清顺治十一年（1654 年），龙华民卒于北京，墓在京师阜成门外滕公栅栏。

3　利玛窦，金尼阁：《利玛窦中国札记》，第 451 页。

中西建筑文化交融研究：以京津冀地区教堂建筑为例

A Study on the Integration of Chinese and Western Architectural Culture: Taking Beijing-Tianjin-Hebei Churches as Precedents

盖了一座圆顶六角底座的小亭，称为丧礼教堂。亭的两边，筑有两道半圆形的墙。在花园的四棵翠柏之下，为神父修造了砖砌的墓穴。"墓前堂二重，祀其国之圣贤。堂前碣石，有铭焉，曰：'美日寸影，勿尔空过，所见万品，兴时并流。'"[1] 高大的汉白玉墓碑体的上方，镌刻着龙的造型，并刻有代表耶稣会的标志——IHS。墓碑中间刻有一行中文大字："耶稣会士利公之墓"。右边是中文及拉丁文小字。

（3）紫禁城中的小教堂

明崇祯三年（1630 年），徐光启推荐精通天文历法的日耳曼籍传教士汤若望[2] 进京在历局任职，从此汤若望在朝廷开始了修订历法、编撰《崇祯历书》和铸造大炮的工作。他在为明朝政府服务期间，为了传教事业，曾在紫禁城中建造一座小教堂[3]。

2. 清初的兴盛

清顺治元年（1644 年）5 月，清兵入京，汤若望因天文历法知识渊博受到皇帝的赏识，成为第一个出任钦天监监正[4] 的外国传教士[5]。天主教在华的传

1　刘侗：《帝京景物略》，第 207 页。

2　汤若望（Johann Adam Schall von Bell，1592—1666 年），德国人，字道未，是将望远镜带入中国的第一人。1608—1611 年，他在罗马德意志学院学习，并接触到了伽利略的望远镜。明天启六年（1626 年）时，汤若望写成《远镜说》一卷。明天启七年（1627 年）秋末，被派遣到中国西安传教，并编写了一本有关医学知识的书《主制群征》。明崇祯六年（1633 年），参与撰写《交食历指》4 卷、《交食历表》2 卷。明崇祯八年（1635 年），参与撰写《交食诸表用法》2 卷及《交食表》4 卷。同年 12 月，参与撰写《交食蒙求》1 卷、《古今交食考》1 卷、《恒星出没表》1 卷。明崇祯九年（1636 年）时，撰写《浑天仪说》4 卷。清崇德三年至六年（1638 年至 1641 年），翻译成《坤舆格致》一书。清崇德八年（1643 年），《火攻挈要》（又名《则克录》）一书刊行。清顺治十年（1661 年），他完成《生活回忆录》。清康熙五年（1666 年），汤若望病情恶化，于 8 月 15 日病逝于北京东堂。在建筑方面，清天命三年（1618 年），汤若望曾用自制的起重机将朝延两块重达四万磅的纪念碑竖立起来。北京天主堂（南堂）由他亲自选址、设计、督造，于顺治八年（1651 年）竣工。同年，汤若望制成一架大型起重机。汤若望一生为中西建筑文化交流做出了影响深远的贡献。

3　建筑名字及相关资料暂无详细资料可考。

4　钦天监监正，中国古代官职之一，隶属于朝廷钦天监，品等为正五品。该官职掌管观察天象、制定历法等。

5　张力：《中国教案史》，四川省社会科学院出版社，第 53 页。

播进入黄金时期，天主教堂的建筑特征逐渐转向西式建筑或细部装饰带有中式元素的折中主义倾向的建筑风格。如表 1-3 为 1664 年耶稣会在中国 11 省的传教情形，当时全国范围内有教堂 160 多座，其中京津冀地区有 13 座。

表 1-3　清康熙三年（1664 年）全国教务情形[1]

省别	地名	教堂数量	教徒数量
直隶	北京	3（南堂、东堂、北堂）	15000
	正定	7	不详
	保定	2	不详
	河间	1	2000
山东	济南	10（全省）	3000
山西	绛州		3300
	蒲州		300
陕西	西安	10（城内 1、城外 9）	20000
	汉中	21（城内 1、城外 5、会口 15）	40000
河南	开封	1	不详
四川	成都、保宁、重庆		300
湖广	武昌	8	2200
江西	南昌	3（城内 1、城外 2）	1000
	建昌	1	500
	吉安		200
	赣州	1	2200
	汀州		800
福建	福州	13（连兴化、连江、长乐）	2000
	延平		3600
	建 宁		200
	邵武		400
	彝山崇安	多所	
浙江	杭州	2	1000

1　张力：《中国教案史》，四川省社会科学院出版社，第 59 页。

中西建筑文化交融研究：以京津冀地区教堂建筑为例

A Study on the Integration of Chinese and Western Architectural Culture: Taking Beijing-Tianjin-Hebei Churches as Precedents

续表

省别	地名	教堂数量	教徒数量
江南	南京	1	600
	扬州	1	1000
	镇江		200
	淮安	1	800
	上海	城内老天主堂南门、九间楼、乡下，共66处	42000
	松江		2000
	常熟	2	10900
	苏州		500
	嘉定		400
	太仓、昆山、崇明均有教堂、教徒		

（1）北京南堂的发展

清顺治七年（1650年），钦天监监正汤若望因"创立新法"有功，清廷"赐汤若望宣武门内天主堂侧隙地一方，以资重建圣堂，孝庄文皇太后颁赐银两，亲王、官、绅等亦相率捐助"[1]。汤若望亲自画了大教堂的草图，并制定具体的施工计划，两年后教堂建成。郎世宁[2]参与了南堂的内部装修设计，作了《君士坦丁大帝凯旋图》等壁画。此次重建的风格为中西式：外形轮廓仍沿用中国式，堂内装修与局部构建、饰物多为西式[3]。新建的圣堂长8丈（约26.7 m）、

1　张力：《中国教案史》，四川省社会科学院出版社，第56页。

2　郎世宁（Giuseppe Castiglione，1688—1766年）：清初来中国的天主教耶稣会修士、画家兼建筑家。意大利人，生于米兰。1707年在热那亚加入耶稣会，1715年来华传教，供奉内廷，历康熙、雍正、乾隆三朝。曾参与圆明园西洋建筑的设计，擅画肖像、走兽、花鸟，尤工画马，有名作《百骏图》传于世。乾隆间几次重大政治、军事活动，均奉旨画大型画卷以记。所作绘画参酌中西画法，讲求透视、明暗，刻画细腻而止于形似，后世画家多有仿效。其画得中国皇帝赏识，亦复持此数次请准西洋教士在华自由传教，集画家与教士于一身，在中国基督教史上有特殊地位。引自：朱杰勤，黄邦和：《中外关系史辞典》，湖北人民出版社，1992，第745页。

3　据陈同滨：《南堂缘起考》，《第三次中国近代建筑史研究讨论会论文集》，1991年，第50页；笔者又查 [清] 于敏中：《日下旧闻考》，第780页，中顺治御制碑文等有云："堂牖器饰，如其国制。"斯特恩·斯托英：《通玄教师汤若望》，第72页中认为是巴洛克教堂。笔者基本同意陈同滨先生的意见，为中西式较妥。

宽 4 丈 4 尺（约 14.7 m）。除了正式的圣堂外，东西院还设有天文台、藏书楼、仪器室和传教士的住宅等。4 m 高的铁质十字架矗立在教堂的顶端，俯瞰着前来做礼拜的信众[1]（图 1-18）。

　　南堂在清康熙四十二年（1703 年）开始重修，清康熙五十一年（1712 年）完成，"徐日升与闵明我予以改造，成为西方区"[2]。重建后的教堂改为西洋巴洛克风格，标志着北京的天主教开始由中国传统式样向折中主义的西洋风格转化。

图 1-18　1775—1900 年间的北京南堂

（图片来源：矢泽利彦《北京四大天主堂物语》）

（2）北京东堂的初建

　　意大利传教士利类思和葡萄牙传教士安文思（Gabriel de Magalhaens，1609—1677 年）在明朝末年曾在四川传教，后被清军掳到北京，在肃王府当差。后来，他们为信徒购买了几间房屋作为小教堂。清顺治十二年（1655 年），

1　佟洵：《基督教与北京教堂文化》，中央民族大学出版社，1999 年，第 290 页。

2　张复合：《北京基督教堂建筑》，《建筑师》1995 年第 65 期。

中西建筑文化交融研究：以京津冀地区教堂建筑为例

A Study on the Integration of Chinese and Western Architectural Culture: Taking Beijing-Tianjin-Hebei Churches as Precedents

图1-19　1775—1900年间的北京北堂

（图片来源：矢泽利彦《北京四大天主堂物语》）

顺治皇帝赐给利类思和安文思一所宅院作为府第。同年，两人便在此修建了东堂——王府井天主堂，风格为西式。清初著名的德国传教士汤若望晚年曾住在东堂，南怀仁、郎世宁等西方传教士也在东堂住过。郎世宁还曾为东堂画过多幅圣像、彩画，十分华丽。

（3）北京北堂（图1-19）——"救世堂"

清康熙三十二年（1693年），康熙皇帝在研究解剖学时偶患疟疾，耶稣会教士张诚[1]、白晋[2]等四人立即献上所带西洋药物奎宁，使康熙皇帝恢复了健康。出于对传教士的感激，康熙把在北京三海（即北海、中海、南海）

1　张诚（Jean-Francois Gerbillon，1654—1707年）：清初来中国的天主教耶稣会传教士，字宾斋，法国凡尔登人。康熙二十六年（1687年）抵达宁波。翌年至北京，康熙帝留之于朝。康熙二十七年（1688年）奉旨为译员，随清政府使团参加《尼布楚条约》的签订，并与徐日升共同将此条约译为拉丁文。回到北京后，开始向康熙帝进讲欧几里得几何原理、实用几何学和哲学。参与中俄两国拉丁文外交文件的翻译工作。康熙二十七至三十八年（1688—1699年），曾8次跟随康熙帝出塞，撰有行记，记述塞外山川地势、风俗习惯、宗教信仰、土产、动植物、皇帝行猎及天文测验，内容十分详细。康熙四十六年（1707年）卒于北京。引自：朱杰勤，黄邦和：《中外关系史辞典》，湖北人民出版社，1992，第730页。

2　白晋（Joachim Bouvet，1656—1730年）：清初来华的天主教传教士，号明远。生于法国芒市（Le Mans），法国科学院院士。1678年入耶稣会。奉法王路易十四派遣，携带天文仪器，于康熙二十六年（1687年）夏抵达浙江宁波；翌年春由南怀仁介绍抵达北京，在宫廷讲授西学，同时学习满文。康熙三十二年（1693年），康熙帝命其携带馈赠法王的书籍49册，回国聘请教授。4年后，率领法王派遣的数学教授和传教士共10名返回北京。康熙又于康熙四十五年（1706年）命其任出使罗马教廷的钦差大臣，携带礼物去往广州，因故未能成行，便奉旨回北京。康熙四十七年（1708年），奉命与杜德美、雷孝思等教士赴各地测量绘制皇舆全览图，历时9年而成。曾奉康熙命研究《易经》，著有《易经总旨》和《康熙帝传》等。引自：任继愈：《宗教大辞典》，上海辞书出版社，1998，第57页。

的中海西畔蚕池口之地赐予耶稣会传教士建设教堂，并赐白银数万两。

清康熙三十六年（1697年），北堂建成。"进门后的庭院宽四十法尺（1法尺等于0.325 m），长五十法尺，院子两旁是比例适中的中式客厅。其中一间用于信徒聚会和讲经布道，另一间接待来访者[1]。"

教堂主楼造在院子的尽头，长七十五法尺，宽三十二法尺，高三十法尺。教堂内部建筑有两个层次，每一层次有十六对涂成绿色的柱子；下层的雕像的底座都是大理石制作的，上层雕像的底座，柱子的顶端，柱顶盘的上楣、中楣、下楣也都是镀金的。柱顶盘的中楣上有许多装饰画，其他的顶饰凹凸不齐，色彩和光度也有所不同。上层两边各有六个很大的拱形光窗，使得整个教堂非常敞亮。教堂顶部分三个部分，并画满了装饰图案：中间是一个敞开的结构复杂的穹顶，大理石圆柱带着一排拱形光圈，形成一幅美丽的图画；大理石本身和一些置放得当的花瓶一起被放入另一幅美丽的图画之中；永恒的天父手里捧着地球，被一群天使蜂拥着，高高坐在云彩之中。[2]中国一些史料也有记载：堂长七丈五尺（一丈等于10尺，等于3.33 m），宽三丈二尺，高三丈。堂内无明柱，贴墙有半圆柱十六楹，彩以绿色，柱顶雕有花草，柱顶之上，复有半圆柱十六楹，每柱各高一丈二尺……堂之窗牖，左右各六，皆系圆顶……堂之前面，镌有"敕建天主堂"五字匾额一方。

3. 清中后期的发展

清康熙五十六年（1717年），皇帝下令禁止天主教在华传教。但由于中国皇帝的宽容，以北京为中心的天主教堂建筑得到了进一步发展。

天主教以"西学"为传教工具，并帮助封建统治者铸造战炮和制定历法，而统治者又需要火炮和历法，同时，也还想借各种宗教维护其统治。所以，取缔天主教的政策时紧时松，并不坚决。在驱逐传教士的过程中，几个皇帝采取了优容政策。如在清雍正禁教高潮中，北京城内的教堂数量大减，仅仅保留南堂、北堂、东堂以及清雍正时为罗马教廷传信部建造的西堂，但以钦天监监正戴进

1　转引自：莫小也：《十七至十八世纪传教士与西画东渐》，第80页。

2　杜德美神父给巴黎封特奈神父的信，引自：朱静：《洋教士看中国朝廷》，上海人民出版社，1996，第51页。

中西建筑文化交融研究：以京津冀地区教堂建筑为例

A Study on the Integration of Chinese and Western Architectural Culture: Taking Beijing-Tianjin-Hebei Churches as Precedents

贤为首的供职传教士 20 余人仍被继续留用。其他传教士中，不少人秘密潜入中国内地继续暗中传教，各地的天主教堂仍在活动。所以，教堂建筑在 18 世纪仍在发展。

（1）南堂重建

清康熙五十九年（1720 年）京师发生大地震，新建南堂与东堂均坍毁。清康熙六十年（1721 年）又经费隐[1]主持，聘利博明修士（Fr. F. Maggi）为建筑师，重新将其改建为巴洛克式的建筑，长八十尺，宽四十五尺。徐日升[2]、闵明我[3]在教堂侧建两座高塔分别放置风琴和钟铎，定时奏乐。

全部地基作十字形，长八十尺，宽四十五尺。教堂内部，借立柱行列，分教堂顶格为三部，各部作穹窿形，若三艘下覆之船身。

清雍正八年（1730 年）京师发生地震，南、北二天主堂又被损毁，南堂第三次重建，"堂之为屋，圆而穹，如城门洞，而明爽异常。"清乾隆四十年（1775 年），南堂堂内着火，建筑尽毁，又进行第四次重建。重建后的新南堂"堂制狭以深实，正面向外，而宛若侧面；其顶如中国卷棚式，而覆以瓦；正面止启一门，窗则设于东西两壁之巅……左有两砖楼夹堂而立，左贮天琴，……右圣母堂。""其式准西洋为之……其堂高数仞，凡三层，

---

1 费隐（Xavier Fridelli, 1673—1743 年）：奥地利天主教耶稣会传教士，字存诚，生于蒂罗尔省，1688 年入耶稣会，清康熙年间（1662—1722 年）来中国。先到江苏镇江传教，后奉召入京，参加测绘皇朝舆图。曾任圣若瑟住院院长、北京葡萄牙神父住院院长。引自：丁光训，金鲁贤：《基督教大辞典》，上海辞书出版社，2010。

2 徐日升（Thomas Pereira, 1645—1708 年）：清初来中国的天主教耶稣会传教士，字寅公，葡萄牙人；1672 年抵达澳门，翌年因钦天监监正南怀仁的推荐，奉诏去往北京，供职于钦天监，协助南怀仁修订历法，并兼任宫廷音乐教师；康熙二十六年（1687 年）南怀仁卒，受命代理钦天监，同年奉旨任译员，随清政府使团参加签订中俄《尼布楚条约》。此后常从事中俄两国外交文件的拉丁文翻译工作，康熙四十七年卒于北京，重要著作有《律吕正义》5 卷。引自：朱杰勤，黄邦和：《中外关系史辞典》，湖北人民出版社，1992，第 757 页。

3 闵明我（Domingo Fernandez Navarrete, 1618—1686 年）：清初来华的天主教传教士，汉学家，西班牙人，多明我会会士，曾执教于罗马圣格列高利大学和菲律宾圣托马斯大学；1658 年抵华，在福建和浙江传教，因杨光先兴起历狱而于 1665 年被圈禁于广州；秘密逃离后，1672 年抵达里斯本，1677 年被任命为圣多明我会总主教。主要汉学著作有《广州条约》《条约》《论战》等，内容主要介绍中国文化与宗教，以及讨论中国礼仪之争。引自：任继愈：《宗教大辞典》，上海辞书出版社，1998，第 533 页。

层层开窗，嵌以明瓦，渐高渐敛如覆舟形，圆而椭。"可知当时南堂风格仍为巴洛克式。

（2）东堂重建

清康熙五十九年（1720年）东堂因地震而倒塌，第二年费隐用葡萄牙国王的赠款扩建成西式教堂，利博明为东堂重建进行了设计[1]。

清雍正元年（1723年）清廷又宣布禁止传教士在中国居住，只许在澳门居留。从此之后清朝皇帝都执行禁止天主教传教的政策，并且不断补充，采取更为严格的限制措施，长达130年之久。期间，在中国内地传教的耶稣会士不断被驱逐到澳门。

从沙勿略于明嘉靖三十一年（1552年）来华以来，至此在中国传教200年的天主教耶稣会退出了历史舞台。

（二）近现代时期京津冀地区的全面发展

鸦片战争后，中国开始了百年屈辱的历史，西方文化的输入具有强烈的殖民主义色彩。北京的天主教堂建筑也更加遵循西方天主教堂的特征，表现出与前一时期教堂建筑的不同。

1840年以后，随着《天津条约》与《北京条约》的签订，天津沦为半封建半殖民地城市。由于西方列强势力的划分，天津市内最终形成奥、意、俄、比、日、法、美、英、德九国租界区，城市格局发生较大变化。九国租界并存于同一城市，无疑在中华民族历史上留下了一段屈辱的印记，但在客观上促进了一个近代城市的发展，这在世界城市的发展史上也是空前的。天主教于这一时期传入天津，从19世纪末到20世纪初，在短短几十年里，天津建造了十几座天主教堂，所以天津的天主教堂建筑从一开始就具有文化入侵的特征，并一直延续至民国时期。

河北地区的教堂多直接采用西方教堂形制。随着义和团运动爆发，加之侵略造成的民众对西方文明的反感，后来建造的教堂多采取了中西合璧的式样。主观上，外国传教士为了迎合中国百姓的心理，在教堂的设计中加入了中国传

1　清嘉庆十二年（1807年）由于火灾，教堂和圣像均被烧毁。

中西建筑文化交融研究：以京津冀地区教堂建筑为例

A Study on the Integration of Chinese and Western Architectural Culture: Taking Beijing-Tianjin-Hebei Churches as Precedents

统建筑形式；客观来看，由于教堂建造多出自中国工匠之手，由中国工匠采用当时的建筑技术与材料进行建造，他们会不自觉地将中国传统建筑的形式融入教堂之中。

京津冀地区自 1605 年宣武门天主堂第一次建造以来，至中华人民共和国成立前，累计建造了数以千计的天主教堂。近代以来，建造的天主教堂历经百年禁教、义和团运动、"文革"等多次破坏，保留至今的教堂大多是 1900 年庚子教案后重建的。这些教堂分布在京津冀地区的城市和乡村，规模大小不一，风格各具特色。保留下来的教堂中，多数经过修缮，仍作为宗教场所使用。还有一小部分教堂，由于历史原因被闲置或改作他用，保存状况堪忧。近年来，随着全社会对建筑文化遗产的重视，这些教堂多被各级政府列为文物保护单位。京津冀地区现存典型近代天主教堂状况如表 1-4 所示。

表 1-4　京津冀地区现存典型近代天主教堂情况表

地区	教堂名称	始建年代	主要建筑风格	建造人	现存状况	注释
北京	宣武门天主堂	1605 年	巴洛克式	利玛窦（意）	保存良好	全国重点文物保护单位
	西什库天主堂	1693 年	哥特式	张诚、白晋（法）	保存良好	全国重点文物保护单位
	西直门天主堂	1723 年	哥特式	德理格（意）	保存良好	
	王府井天主堂	1655 年	罗曼式	利类思、安文思	保存良好	北京市文物保护单位
	东交民巷天主堂	1901 年	哥特式	高嘉理（法）	保存良好	北京市文物保护单位
	南岗子天主堂	1910 年	哥特式	柯来孟、夏大姑	保存良好	
	永宁天主堂	1873 年	哥特式	不详	保存良好	北京市文物保护单位

续表

地区	教堂名称	始建年代	主要建筑风格	建造人	现存状况	注释
天津	西开教堂	1913 年	罗曼式	杜保禄（法）	保存良好	天津市文物保护单位
	望海楼教堂	1869 年	哥特式	谢福音（法）	保存良好	全国重点文物保护单位
	紫竹林教堂	1872 年	巴洛克式	樊国梁（法）	保存良好	天津市文物保护单位
	方济各会圣心教堂	1922 年	文艺复兴式	罗菲诺尼（意）	保存良好	
河北	保定天主堂	1905 年	罗曼式	杜保禄（法）	保存良好	河北省重点文物保护单位
	保定南关天主堂	1918 年	哥特式	不详	亟待修缮	
	大名天主堂	1918 年	哥特式	郝司铎（法）	保存良好	河北省重点文物保护单位
	宣化天主堂	1904 年	哥特式	樊国梁（法）	保存良好	河北省重点文物保护单位
	南单桥圣母圣心堂	1899 年	中西合璧式	不详	保存良好	
	梁格庄天主堂	1937 年	中西合璧式	马迪懦（意）	亟待修缮	
	云台山圣若瑟堂	1881 年	中西合璧式	不详	保存良好	

第二章

京津冀地区天主教堂建筑风格研究

Chapter II

Study on the Architectural
Style of Catholic Churches
in Beijing-Tianjin-Hebei

中西建筑文化交融研究：以京津冀地区教堂建筑为例

A Study on the Integration of Chinese and Western Architectural Culture: Taking Beijing-Tianjin-Hebei Churches as Precedents

京津冀地区的天主教堂建筑融合了多种风格，笔者按照现存教堂的主要外观特征，将其建筑风格分为哥特式风格、罗曼式风格、文艺复兴风格、巴洛克式风格和中西合璧风格五种类型。本章以京津冀地区从明 1605 年至中华人民共和国成立前建造、保存至今且具有代表性的现存的 18 所天主教堂为例进行研究，包括北京地区的宣武门天主堂（南堂）、西什库天主堂（北堂）、王府井天主堂（东堂）、西直门天主堂（西堂）、东交民巷天主堂、南岗子天主堂、永宁天主堂，天津地区的西开教堂、望海楼教堂、紫竹林教堂、方济各会圣心教堂以及河北地区的保定天主堂、保定南关天主堂、大名天主堂、宣化天主堂、南单桥圣母圣心堂、梁格庄天主堂、云台山圣若瑟堂。（表 2-1）

表 2-1　京津冀地区天主教堂建筑典型风格分类

风格类型	教堂名称		
罗曼式风格	王府井天主堂	保定天主堂	西开教堂
哥特式风格	西什库天主堂	东交民巷天主堂	西直门天主堂

034

续表

风格类型	教堂名称		
哥特式风格	望海楼教堂	大名天主堂	永宁天主堂
	宣化天主堂	南岗子天主堂	保定南关天主堂
文艺复兴风格	方济各会圣心教堂		

中西建筑文化交融研究：以京津冀地区教堂建筑为例

A Study on the Integration of Chinese and Western Architectural Culture: Taking Beijing-Tianjin-Hebei Churches as Precedents

续表

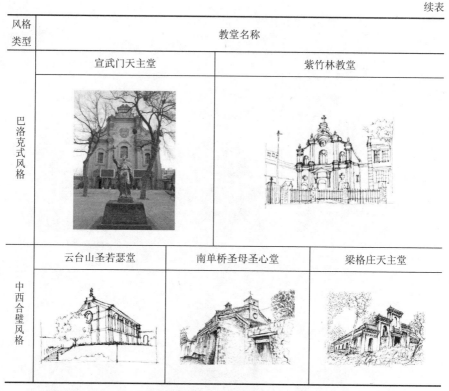

风格类型	教堂名称		
巴洛克式风格	宣武门天主堂	紫竹林教堂	
中西合璧风格	云台山圣若瑟堂	南单桥圣母圣心堂	梁格庄天主堂

（图片来源：王冠群、吴畏绘制）

一、罗曼式风格
The Roman Style

（一）基本特征

罗曼式教堂盛行于西欧早期中世纪，由改良的巴西利卡式教堂演变而来，在形式上继承了古罗马建筑半圆形的拱券结构，兼有罗马和拜占庭建筑的特色。罗曼式教堂以厚实的墙体、半圆形拱券的门窗和半圆拱穹顶以及巨大的钟楼为主要特征，给人以庄重、稳定的印象。

京津冀地区现存罗曼风格教堂的典型代表有北京的王府井天主堂（东堂）、

河北的保定天主堂和天津的西开教堂。

（二）案例分析

1. 王府井天主堂

（1）历史沿革

王府井天主堂（St. Joseph's Church）俗称东堂，又名八面槽教堂、圣若瑟堂，位于北京王府井大街 74 号，是北京四大天主教堂之一，也是北京城内建立的第二座天主堂。教堂始建于 1655 年，由意大利传教士利类思[1]和葡萄牙传教士安文思[2]创建，东堂最初为中国传统民居建筑风格，仅在细节上饰以有关天主教的装饰，后于清康熙元年（1662 年）改建为西洋风格建筑。清康熙五十九年（1720 年），东堂在地震中被毁，次年重建，当时的教堂门窗均有彩色玻璃装饰。清嘉庆十二年（1807 年），因传教士夜晚搬运教堂藏书打翻灯引发火灾，部分房屋被焚毁。清嘉庆十二年（1814 年），教堂东侧藏书楼失火，教堂再度被烧毁，不久，教堂被责令拆除，东堂遂废。1884 年，新东堂建成，为罗曼式风格，在 1900 年义和团运动中又被烧毁。1904 年，教会用庚子赔款重建，即今东堂，重建后的东堂基本恢复了义和团之前的形制与规模。王府井天主堂"文革"期间被迫关闭，在此期间教堂被八面槽小学占用。1980 年落实宗教政策后开始修复并恢复宗教活动。1988 年王府井大街开始改造，东堂周围的建筑陆续被拆除。1990 年，王府井天主堂被列为北京市文物保护单位。2000 年王府井大街改造工程中，教堂围墙被拆除，院门向西移动并重建。北京市政府在教堂前兴建了一座广场，成为王府井大街的一道景观。目前王府井天主堂主体建筑保存完好（图 2-1）。

1　利类思（Ludovic Bugli，1606—1682 年）：字再可，意大利西西里岛人。1622 年加入耶稣会，1637 年来华，先后在江南、四川、北京等地传教，在北京时曾奉命襄助明廷修历。后和安文思一起服务于张献忠，当上"天学国师"，获得了"次于阁老之次的位置"。1651 年，设立北京东堂，1662 年建东堂教堂。

2　安文思（Gabrielde Magalhes，1609－1677 年）：葡萄牙耶稣会传教士，安文思 1640 年前往中国传教，长期与利类思合作，建立了北京东堂。

 中西建筑文化交融研究：以京津冀地区教堂建筑为例

A Study on the Integration of Chinese and Western Architectural Culture: Taking Beijing-Tianjin-Hebei Churches as Precedents

图 2-1　王府井天主教堂门前广场实景

（2）建筑特征

东堂是罗曼风格教堂的典型代表。主体为砖木结构，灰砖清水墙，面宽 24 m，进深 64 m，檐口高度约 13 m，屋顶高约 18 m，中间钟楼高约 25 m，平面为巴西利卡式，沿东西向轴线南北对称。主入口设在西侧，并有门廊。正面建有三座钟楼，均为穹顶结构，钟楼顶端均装饰有十字架。堂内有两列圆柱，共计 18 根，将内部分为中厅和侧廊，柱间距 4.2 m，柱头及檐部之上立拱券，其上再覆以木屋架的坡顶。侧廊在接近西面主入口的南北尽端设有楼梯间，通至二层，入口上夹层为唱经楼，设有管风琴一架。中厅尽端设有祭坛，祭坛后设一个小圣堂，圣堂两翼各连接一个近似方形的更衣室，形成十字形。中厅和侧廊之间几乎没有高差，所以堂内侧廊没有二层的拱廊或楼廊以及三层高侧窗，内部空间比较简洁。两侧墙壁开设拱形长条窗，堂内没有阴暗沉闷之感。拱顶并非石质筒形拱顶，而是在木屋架下做拱形吊顶，并以十字交叉拱肋结构装饰；教堂局部雕刻及装饰没有以宗教故事中的人物为主题，而是采用较为简洁并凸显中国传统风格的装饰。西立面厚重的拱形门洞、两侧对称的钟楼、堂内三廊式的巴西利卡、中厅侧廊之间的连拱柱廊、半圆形拱顶的门窗等，表现出一种敦实厚重、结构完整的美学效果。

2. 保定天主堂

（1）历史沿革

保定天主堂（St.Petrus Cathedral），又名圣伯多禄主座教堂，位于保定市裕华路2号，地处保定市中心，南与古莲池遥遥相对，东眺著名的佛教寺庙大慈阁，西邻直隶总督府，是河北省著名的天主教堂之一。

教堂始建于清光绪二十四年（1898年），建成于1905年，由法籍传教士杜保禄主持建造；1910年扩建成为三进院落；"文革"期间教堂被迫关闭；1980年政府将教堂归还教会，经过重新修缮后，于1981年正式开放；1993年，该堂被列为河北省文物保护单位。

（2）建筑特征

保定天主堂在新中国成立后经历过多次修缮，然而由于原建筑的结构与材料并未得到完全修复，例如在立面修复中使用混凝土梁进行加固等，导致现在的教堂并没有原教堂那样精致。但是保定天主堂的外观及内部空间依然保留许多罗曼式教堂的典型特征。

教堂坐北朝南，总占地面积为1011 m²，平面为巴西利卡式，长54.3 m，宽17.6 m，高20.38 m。建筑主体采用砖木结构，风格典雅，气势恢宏，可容纳1000余人。主入口为砖拱透视门，上方有十字架，两侧为对称的钟楼；门窗均为半圆形拱顶；最南端的突出部分为祭坛；堂顶用筒瓦铺盖。

教堂内部正厅由两排共14根木质立柱分割为中厅与东西侧廊三个空间，中厅、侧廊之间由连拱柱廊衔接。祭坛后有12根汉白玉石柱，象征着耶稣的12门徒（图2-2至图2-5）。

图2-2　保定天主堂正立面实景

3. 西开教堂

（1）历史沿革

西开天主教堂（St.Joseph Cathedral），即天津圣若瑟主教座堂，始称

中西建筑文化交融研究：以京津冀地区教堂建筑为例

A Study on the Integration of Chinese and Western Architectural Culture: Taking Beijing-Tianjin-Hebei Churches as Precedents

图 2-3 保定天主堂背立面实景

图 2-4 保定天主堂侧立面实景

圣味增爵堂、法国教堂，后因其所处地区称为老西开教堂。

　　1914 年，法国当局不顾中国商民和一些教民的反对，强行在天津法租界的教堂前街（现天津市和平区西宁道 11 号）修建教堂，由杜保禄主持设计，于 1917 年全面竣工，同时还修建了修道院、教会医院、法汉中学。从此西开教堂就成了天津天主教会的中心。中华人民共和国成立后，教堂经过"文革"与唐山大地震之后，受损严重。1979 年至 1980 年间经过一次修缮后，西开教堂恢复了宗教活动。1991 年 8 月，该堂被列为天津市文物保护单位。该建筑目前是天津市特殊保护等级历史风貌建筑。西开教堂是目前京津冀地区最大的罗曼式建筑，也是天主教在天津地区的主教座堂。

（2）建筑特征

西开教堂为砖木石混合结构，平面为拉丁十字式，全长 60 m，宽 30 m，建筑面积约 1892 ㎡，可容纳 1500 人。

教堂外墙主要用红白花相间的清水砖砌筑，檐口下用扶壁连列柱券作为装饰带。立面三个高达 45 m 的巨型穹顶错落排列成"品"字形。穹顶最上方各有一个青铜十字架作为标志，表面以绿色铜板覆盖，内部用木结构支撑，后面的塔楼最高处可达 47.36 m。

图 2-5　保定天主堂正厅实景

教堂门厅设夹层，夹层上有大管风琴。中厅由两排共 14 根叠式复合方柱支撑半圆形券顶，形成三通廊式布局。十字交叉处为高大的穹隆顶，通过八角形鼓座与支撑拱架券廊柱相连。中厅尽端为高大而神秘的祭坛空间，通过台阶与正厅分隔开。教堂内装饰有各种天主教的壁画与雕塑，窗户镶嵌了色彩斑斓的彩绘玻璃，充满了神秘的宗教气息（图 2-6 至图 2-11）。

图 2-6　正立面实景　　　　图 2-7　外墙实景　　　　图 2-8　钟楼穹顶实景

中西建筑文化交融研究：以京津冀地区教堂建筑为例

A Study on the Integration of Chinese and Western Architectural Culture: Taking Beijing-Tianjin-Hebei Churches as Precedents

图 2-9　中厅实景

图 2-10　祭坛穹顶实景

图 2-11　侧廊雕塑实景

二、哥特式风格

Gothic Style

（一）基本特征

哥特式教堂以其轻灵的骨架券拱顶、尖券门窗、飞扶壁和立面上的多彩玫瑰窗为典型特征：外部高耸的尖塔和飞扶壁，营造出哥特式教堂外观上雄伟的气势；内部修长的束柱和尖肋拱顶，使整个空间极具向上的动势；周围大而明亮的长窗镶嵌彩色玻璃，在教堂内部营造出一种浓厚而神秘的宗教气氛。

京津冀地区现存哥特式教堂较多，以北京地区西什库天主堂（北堂）、东交民巷天主堂、西直门天主堂（西堂）、永宁天主堂和南岗子天主堂，天津地区的望海楼教堂，河北地区的大名天主堂、宣化天主堂和保定南关天主堂为代表。它们大多建于清末，建筑规制比西方典型哥特式教堂略小，外部没有飞扶壁，玫瑰窗也不像西方教堂那样大而绚丽。

（二）案例分析

1. 西什库天主堂（北堂）

（1）历史沿革

西什库天主堂（The Saviour Cathedral），俗称北堂，又名救世主堂，位于西什库大街 33 号，是北京四大天主教堂之一。清康熙三十二年（1693 年）由法国传教士张诚等于北京蚕池口修建，康熙三十八年（1699 年）扩建，四年后完工。康熙帝亲题"敕建[1]天主堂"匾额，并赐名"救世堂"。根据其地理位置，人们称之为蚕池口教堂。禁教期间，教堂被清政府没收并拆除。清咸丰十年（1860 年）中法签订《北京条约》，清政府将北堂的土地归还教会。同治五年（1866 年）教会在蚕池口地址上第二次重新建起北堂。清光绪十二年（1886 年），清政府整修三海，因蚕池口教堂影响三海景观，清政府将西什库南首三分之二地方拨给教会，作为另建新堂之地，并赐帑金作为修建费用。清光绪十三年（1887 年），由主教孟振生主持的北堂在西什库建成。北堂是一座高大的哥特风格建筑。义和团运动中，西什库天主堂损毁严重，现存教堂是 1901 年利用庚子赔款重修的。至此，西什库天主堂成了北京最新、规模最大的天主教堂，曾是北京地区天主教的活动中心。

（2）建筑特征

西什库天主堂是典型的哥特式建筑，钟楼尖端高 31.4 m，教堂入口前左右两侧各有一中式四角攒尖黄色琉璃瓦顶的亭子，亭内是乾隆皇帝亲笔题写的石碑。教堂前为传统中式台基，汉白玉石栏杆以及四周围绕的石狮雕像（图 2-12）均凸显了中国传统风格，富有中国气韵。北堂细部装饰趋向简洁化，

图 2-12　中式亭与栏杆实景

1　敕建是指皇帝批准并且出资建造的建筑物，一般是房屋、园林等。西什库天主堂是北京唯一一座敕建的天主堂。

中西建筑文化交融研究：以京津冀地区教堂建筑为例

A Study on the Integration of Chinese and Western Architectural Culture: Taking Beijing-Tianjin-Hebei Churches as Precedents

整个教堂通体洁白，顶端共由 11 座尖塔构成。北堂主体建筑体形高耸挺拔，正立面三个层叠凹进的尖券门、两侧对称的钟塔以及随处可见的小尖饰呈现哥特式教堂显著的建筑特点。正门旁的墙壁上有四位手持圣经的圣徒雕像。钟楼顶端上有一个双翅欲展的天使雕像，即天国的七大天使之一嘉俾额尔。墙面凸出的壁柱将正立面纵向分为三部分，而两排横贯的汉白玉石雕饰又将三部分统一起来：下面一排是透空的仿券柱式雕饰，上面一排是比例缩小的仿中国传统风格栏杆雕饰；入口上方正中的圆形玫瑰窗被四个三叶形石雕环绕（图 2-13）。

图 2-13　立面雕饰实景

2. 东交民巷天主堂

（1）历史沿革

东交民巷天主堂（St. Michael Church）又名圣弥厄尔教堂、法国教堂，位于北京市东城区东交民巷甲 14 号，始建于 1901 年，为哥特式教堂。东交民巷天主堂是西方传教士在北京修建的最后一座天主教堂，其所在地在建造教堂以前属于法国领事馆的范围。《辛丑条约》签订之后，居住在东交民巷使馆区的欧洲人显著增加，他们要求就近修建教堂以进行宗教活动。1901 年，法国主教樊国梁[1]与法国领事协商转让该地，并由法国遣使会[2]拨款在现在的位置修建教堂，后又由法国人斩利国扩建。中华人民共和国成立前，专为使馆区的外国人服务。东交民巷天主堂建成至今 100 余年，未遭到任何灾害性破坏，保存比较完好，是北京市内少有的没有被彻底毁坏和重建的天主教堂。中华人民共和国成立后，东交民巷天主堂被划归北堂管理，1958 年由于宗教政策变化，教会的活动受到限制，东交民巷天主堂被关闭，房产被划归东交民巷小学使用，教堂成为小学的礼堂，这期间教堂的玻璃花窗大多被毁。1986 年，东交民巷小学从教堂迁出，教堂归还教会，1989 年重新开堂。1995 年被列为北京市文物保护单位。

（2）建筑特征

东交民巷天主堂与北京四大天主教堂相比，规模虽小，但综合了四正厅的优点，造型别具特色。教堂坐北朝南，东西面阔 3 间，南北进深 14 间，教堂采用院落式布局，包括主体建筑、附属建筑。主体建筑为哥特式风格，采用巴西利卡式平面，室内入口上设夹层。正厅按两列科林斯柱式分为中厅和侧廊，中厅宽阔，侧廊狭窄，并在中厅尽端设祭坛，祭坛部分的形状是凸出平面的多边形。堂内为木结构，顶部用肋状拱券，地板铺有花砖甬道。教堂东西两侧装饰有法国定做的玻璃花窗，圣堂正门上方为教堂主保圣弥厄尔雕像（图 2-14）。与其他教堂不同的是，东交民巷天主堂主立面设并排的两个入口（图 2-15），而不是将主入口放在中间。立面由两座钟塔和中部入口组成，宽 14.75 m，塔楼十字架处高 26.1 m，扶壁顶部皆做成尖券与小尖塔，造成立

---

1 樊国梁（Pierre Marie Alphonse Favier，1837—1905 年）：法国人，庚子之乱时期任北京西什库天主堂（北堂）主教，著有《燕京开教略》等书。1862 年来中国，作为主教进行传教救人活动。1897 年 11 月 12 日任直隶北境代牧区助理主教。1898 年 2 月 20 日开展祝圣仪式。1899 年 4 月 13 日，出任直隶北境代牧区宗座代牧，成为天主教驻京主教，并向清政府取得二品顶戴。次年，义和团运动兴起后，主教樊国梁率领教徒击退义和团多次进攻，但北堂严重受损。在八国联军和清政府议和中，争取到赔款 150 万两银。1901 年回西欧，大受罗马教廷赞扬，教宗赏以梵蒂冈最高荣誉头衔"宗座卫士"，被法国政府授以十字荣誉勋章。1905 年病逝于北京。

2 遣使会由圣文生（St. Vincent de Paul，1580—1660 年）于 1625 年创立于法国的修会，该会以培育圣职人员和救济穷人为宗旨。1699 年，圣文生来到中国，除供职于朝廷外，也在河北、蒙古、河南、浙江等地传教。

中西建筑文化交融研究：以京津冀地区教堂建筑为例

A Study on the Integration of Chinese and Western Architectural Culture: Taking Beijing-Tianjin-Hebei Churches as Precedents

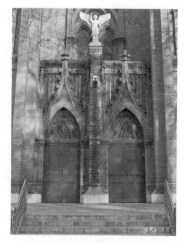

图 2-14　圣弥厄尔雕像实景　　　　图 2-15　主入口双门实景

面的升腾感。南侧入口上部玫瑰窗处采用两联尖拱窗与一个圆形花窗组合。南侧入口东侧为壁龛，内置圣保禄像。两侧设尖拱长侧窗，内嵌彩色玻璃。

3. 西直门天主堂

（1）历史沿革

西直门天主堂（The Holy Garments Church）俗称西堂，又名圣母圣衣堂、圣母七苦堂，是北京四大天主堂之一，位于北京市西城区西直门内大街 130 号。

清雍正元年（1723 年），西直门天主堂由罗马教廷传信部传教士德理格[1]主持建成。西堂是北京四大天主堂中唯一一个不是由耶稣会士建立的教堂。清嘉庆十六年（1811 年），清政府实行禁教政策，西堂的四位神父被驱逐出境，西堂被拆除。清咸丰十年（1860 年）第二次鸦片战争后，清政府与英法等国达成协议，归还西堂土地。清同治六年（1867 年），西堂重建落成。1900 年，义和团运动爆发，西堂被毁。此后直到 1912 年，天主教在原址第三次重建西堂。"文

1　德理格（Pedrini, T., 1676—1746 年），1676 年生于意大利安科纳（Ancone）边境地区的费尔莫（Fermo），此地长期属于教皇国。曾在罗马的皮阿诺姆（Pianum）学院学习，是管风琴演奏家。1693 年进入传教区的修会中。1711 年初到达北京，服务于中国宫廷，成为御用风琴演奏家，于 1746 年 12 月 10 日逝于北京，葬于方济各会会士们的墓地。

革"期间西堂被没收用作纽扣厂、电扇厂和同仁堂制药厂的仓库，部分构筑物遭遇破坏。1994 年，西堂重新开放，恢复了正常的宗教活动。2007 年政府按照民国时期原貌对西堂展开全面修缮，并建造了圆锥尖顶的圣母亭。2007 年 7 月，西直门天主堂被列为北京市西城区文物保护单位（图 2-16～图 2-22）。

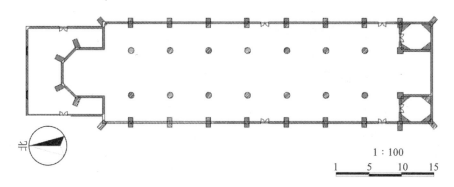

图 2-16　西堂平面图

（图片来源：根据《北京近代建筑史》描绘）

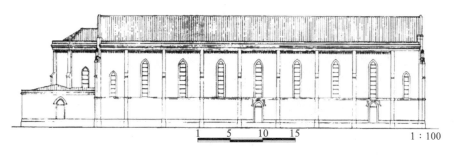

图 2-17　西堂东立面图

（图片来源：图说北京近代建筑史 [M]，第 53 页）

（2）建筑特征

西堂[1] 建筑群采用中国传统的套院式布局方式：教堂位于第一进院落的中

1　与北京其他三大天主堂相比，西堂建造年代较晚，规模较小，相关史料记载匮乏。

中西建筑文化交融研究：以京津冀地区教堂建筑为例

A Study on the Integration of Chinese and Western Architectural Culture: Taking Beijing-Tianjin-Hebei Churches as Precedents

图 2-18　1867 年西堂立面图

（图片来源：燕京开教略·中篇 [M]）

图 2-19　1912 年重建后的西堂

（图片来源：旧京大观 [M]，第 168 页）

图 2-20　西堂实景

图 2-21　西堂内部正厅

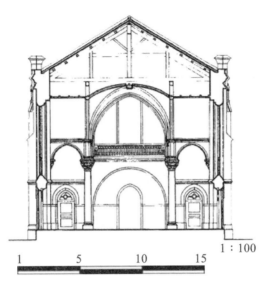

图 2-22　西堂东南剖面图

（图片来源：图说北京近代建筑史［M］，第 52 页）

心，西侧为临时搭建的工作间，北侧为圣母山；教堂东侧为第二进院落，院内布置有办公楼、神父住房等附属建筑。

教堂占地面积约为 1000 m²，平面为巴西利卡式，长 68 m，宽 15 m。教堂内部空间宽敞明亮，由北至南依次为门厅、正厅和祭坛；门厅处设有夹层——唱诗席；正厅被双排科林斯式的木柱分为中厅和侧廊；中厅的尽端为祭坛。

教堂正立面为对称式布局，采用横三段、竖三段的西式构图方式。墙面转角处设计有小尖塔，与钟楼的尖塔相呼应。从台基向上各层逐渐内收，钟楼顶端放置着十字架。尖拱门洞、拱窗以及钟楼都反映出哥特式建筑的特点。

4. 望海楼教堂

（1）历史沿革

望海楼教堂（Wanghailou Mary Church），又名圣母得胜堂，坐落在天津市河北区狮子林街 292 号海河北岸狮子林桥旁。该教堂始建于清乾隆三十八年（1773 年），曾为皇帝行宫，乾隆皇帝御题"海河楼"。清同治元年（1862

中西建筑文化交融研究：以京津冀地区教堂建筑为例

A Study on the Integration of Chinese and Western Architectural Culture: Taking Beijing-Tianjin-Hebei Churches as Precedents

年），法国天主教遣使会强租获得天津三岔河口北岸望海楼旧址及其西侧崇禧观的 15 亩土地。清同治八年（1869 年），教堂破土动工，同年 12 月 8 日，天津第一座天主教堂——望海楼教堂竣工，教堂钟楼正面镶嵌一块长方形大理石，上面刻着"圣母得胜堂"的外文金字。清同治九年（1870 年）6 月 21 日，天津教案爆发，望海楼教堂因此被焚毁。清光绪二十三年（1897 年），望海楼教堂在原址被重建。1900 年，该教堂在义和团运动中再次被烧毁。1904 年，法国天主教会利用庚子赔款，依原样完成第三次重建。1912 年，罗马教廷颁发诏书成立天津教区，望海楼教堂成为最早的主教府所在地。"文革"期间望海楼教堂遭遇损坏。1976 年，在唐山大地震中又遭震损，塔楼断裂，后厅倒塌，山墙倾斜，教堂残破不堪。1983 年，天津市人民政府拨款修复望海楼教堂。1988 年，望海楼教堂被国务院列为全国重点文物保护单位。现在的望海楼教堂是 2011 年政府对其进行全面修缮后的样子。

（2）建筑特征

望海楼教堂平面为典型的巴西利卡式，长 53.5 m，宽 15 m，建筑面积 812 m²，可容纳近千人。堂身坐北朝南，为石基砖木结构建筑，墙面由青砖砌筑。建筑正立面上有三座平顶塔楼，构图呈"山"字形：中间的塔楼最高，为 12 m，呈笔架式结构；东西两侧塔楼的顶部各自镶有 8 个兽头，属中式元素，作为排水口。

教堂门厅处设有夹层空间唱诗席；正厅被八根圆柱分为中厅和东西侧廊三个空间，其中中厅较高，侧廊次之；门窗和中厅的顶部设有彩绘；尽头为圣母玛利亚的祭坛空间，左右分别是耶稣和鞠养像；另外，教堂四周的墙壁上悬挂有耶稣受难图，天花和墙面装饰有各式各样的天主教彩绘（图 2-23、图 2-24）。

5. 大名天主堂

（1）历史沿革

大名天主堂(The Mother of Love Church)又称大名天主教宠爱之母正厅，位于河北省邯郸市大名县城东大街路南，是一座典型的哥特风格教堂。

图 2-23　外立面实景　　　　　　　　图 2-24　侧立面实景

　　清同治元年（1862 年），法籍耶稣会士郎怀仁[1]、鄂尔璧从献县来到大名
开教。他们在城内购得多处宅基地，先后在东街路北侧建一座正厅、数栋楼房、
百余间瓦房。1900 年，大名教会因义和团运动受到冲击。1912 年，利用国内
外捐款和天津总堂的拨款，法籍耶稣会士郝嘉禄神父在东街路南侧主持建造大
名天主堂。教堂除砖石为国内筹备外，内部装饰皆由法国定做。据该堂《建堂
碑记》载：该堂 1918 年 7 月 2 日由法国籍耶稣会会长郝嘉禄司铎祝圣筑基首石；
1920 年 8 月 2 日竣工；1921 年 12 月 8 日由直隶东南代牧区主教刘公恩利格祝
圣新堂，献于"宠爱之母"[2]。后在教堂东侧续建平房百余间，设立女子公学、
敬老院、孤儿院、医院等，在路北堂院成立蒙养小学和经言小学。"文革"期间，
教堂的彩色玻璃花窗被严重破坏，幸运的是建筑主体保存完好。1980 年宗教
政策落实后，大名教会开始复兴。1993 年，大名天主堂教产被陆续归还给教会，
教会对正厅进行了修缮，1994 年恢复使用。后来大名天主堂被列为河北省重
点文物保护单位，保存基本完好。

1　郎怀仁（Adrianus Languillat，1808—1878 年）：字厚甫，法国人。清道光二十四年（1844 年）
来华，咸丰六年（1856 年）任直隶东南区（后为献县教区）宗座代牧，次年，受祝圣主教礼。
2　侯志华：《怀中所抱识其宠　掌上所持知厥能 —— 河北省大名县宠爱之母教堂》，《中国宗
教》2008 年第 89 至 91 页。

中西建筑文化交融研究：以京津冀地区教堂建筑为例

A Study on the Integration of Chinese and Western Architectural Culture: Taking Beijing-Tianjin-Hebei Churches as Precedents

（2）建筑特征

有别于京津冀地区天主教堂常用的砖木结构，大名天主堂主体采用砖石结构，平面为拉丁十字式，建筑面积 1220 m^2。

堂外钟楼凸出，高 47 m，钟楼上东、西、北三面均有直径为 1.42 m 的大钟，钟楼两侧建有两个对称的陪楼，陪楼上有尖塔，与钟楼形成"山"字形构图，呈现典型哥特式教堂的立面特征。主入口的拱形大门上方 3 米处，装饰有一座高 1 m 左右的圣母怀抱耶稣铜铸坐像，铜像周围雕刻有一副对联：上联"欲识其宠请看怀中所抱"；下联"要知厥能试观掌上何持"；横批"宠爱之母保障大名"。

教堂内部被两排高耸的石柱划分为三个空间，18 根石柱[1]稳如磐石，支撑起内部的宽敞空间，天花为灰砖砌筑的"十"字拱形，拱形的交叉处装饰有木刻圆形图案，窗户均装饰有色彩浓郁的哥特彩绘玻璃。祭坛空间处于教堂的尽端，由石头砌成，有四级台阶：第一台阶专为做弥撒用；第二台阶中间有石雕圣体楼，圣体楼的两边规则地放着蜡烛；第三台阶上放有鲜花；第四台阶上供有五个高度为 1.7 m 左右的石膏神像——耶稣苦像、若望像、圣母像位于中间，左右两侧是两个手捧蜡烛树的天神像；石膏神像后有一座 2 m 高的假山，山顶放着十字架（图 2-25～图 2-30）。

图 2-25　建堂碑实景　　　图 2-26　圣母雕像与对联实景　　　图 2-27　外立面实景

1　每根柱基础高 0.9 m，柱身高 2.89 m，柱头高 0.7 m。

图2-28　中厅实景　　　　图2-29　祭坛实景　　　图2-30　祭坛两侧壁画实景

6. 其他案例

1）永宁天主堂

（1）历史沿革

永宁天主堂（Yongning Catholic Church），是北京地区最偏远的天主教堂，位于延庆县城以东的永宁镇阜民街黄甲7号，始建于清同治十二年（1873年），时称"延庆县永宁城天主堂"。清光绪二十六年（1900年）永宁城义和团将此教堂烧毁（今堂院内留有碑刻）。清光绪二十八年（1902年），教会用庚子赔款重建永宁天主堂。"文革"期间教堂被改作粮库，部分建筑被拆毁。1985年，宗教政策落实后，教堂及部分附属房屋被归还给天主教会。1986年，天主教北京教区与延庆县政府对教堂进行了全面整修。1987年，该教堂正式恢复宗教活动。永宁天主教堂于1993年、2001年先后被列为县级重点文物保护单位、北京市文物保护单位。2003年10月，北京市文物局投资50万元对教堂进行了全面整修，同年11月修缮工程完工并通过验收。

（2）建筑特征

永宁天主堂为青灰色砖木结构建筑，教堂坐北朝南，平面呈巴西利卡式，面宽13.5 m，进深26.4 m，总建筑面积750 m²。立面四个尖塔冲天而立，与西什库天主堂非常相似，只是较简化一些，过去有"小北堂"之称。教堂建筑

中西建筑文化交融研究：以京津冀地区教堂建筑为例

A Study on the Integration of Chinese and Western Architectural Culture: Taking Beijing-Tianjin-Hebei Churches as Precedents

群为中式院落布局，院内有一块"诸位信友致命者墓碑"，附属建筑多为中式风格（图2-31～图2-37）。

图2-31　院内墓碑实景

图2-32　调研与测绘实景

图2-33　外立面实景

图2-34　院落主入口实景

2）宣化天主堂

（1）历史沿革

宣化天主堂是宣化教区主教堂，坐落于河北省张家口市宣化区牌楼西街。

图2-35　祭坛实景

图2-36　正厅实景

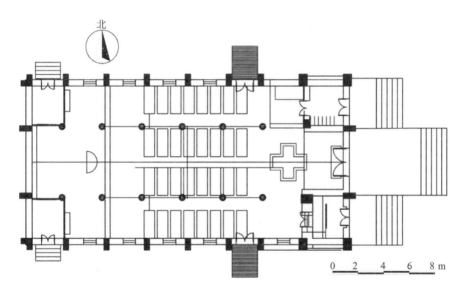

图2-37　永宁天主堂平面图

　　清同治元年（1862年），法国遣使会的儒梅和梁儒望两位神父，在张家口市宣化区牌楼西街路北购买宅基地。清同治八年（1869年），遣使会樊国梁神父主持修建宣化天主堂。清同治十一年（1872年）教堂竣工。清光绪五

中西建筑文化交融研究：以京津冀地区教堂建筑为例

A Study on the Integration of Chinese and Western Architectural Culture: Taking Beijing-Tianjin-Hebei Churches as Precedents

年（1879 年），都士良神父扩建该教堂。1900 年，宣化天主堂被义和团焚毁。1904 年，教会用庚子赔款 1 万两白银重建了该堂。1927 年，宣化被划为独立教区，宣化天主堂成为教区主教座堂。"文革"期间宣化天主堂被关闭。1980 年教堂被归还给教会，此后经历过一次修缮。1993 年，宣化天主堂被列为河北省重点文物保护单位。2005 年再次修缮，在教堂前加建了广场。

（2）建筑特征

宣化天主教堂为砖木青石混合结构，平面为拉丁十字式，进深 51 m，堂高 21 m，建筑面积约 810 m²，可容纳 2000 多人。

教堂坐北朝南，正立面（南立面）原有三个入口，"文革"期间遭遇破坏，经修复之后仅存一门，为尖券形拱门，拱门上部为一组巨大的尖券玻璃花窗。主入口两侧为对称的钟楼，钟楼尖高 26 m。整个塔身自下而上设计了一系列呈螺旋式分布的小窗。最上层的塔身周围开设有细长窗以便采光和通风。由于当地气候多风沙，这些窗子装有铁质的百叶窗[1]。教堂门厅设有夹层。正厅被 16 根灰白石柱沿纵深方向分隔为中厅和侧廊，中厅高，侧廊低。柱与柱之间由拱券连接，形成连续向前的动势，堂内北部的祭坛供教友诵经祈祷。

除教堂主体外，附属建筑包括被驻宣化神父占用的 7 间西房，现在被改建为宣化博物馆的原若瑟总修院以及后来作为宣化区文物保护单位留存下来的原若瑟修女院（图 2-38 ～图 2-41）。

图 2-38　宣化天主堂正厅木制拱顶实景

图 2-39　宣化天主堂实景

1　杨豪中，孙跃杰：《宣化古城近代天主教建筑研究》，《西安建筑科技大学学报（自然科学版）》2006 年第 3 期，第 390-394 页。

图 2-40　宣化博物馆实景　　　　　图 2-41　宣化若瑟修女院实景

3）南岗子天主堂

（1）历史沿革

南岗子天主堂（Saint Teresa Church）位于今北京市东城区幸福大街永生巷 6 号，因教堂地处南岗子附近，故称南岗子天主堂。

1910 年，东交民巷天主堂柯来孟神父、北京仁爱会修女依搦斯和若瑟会修女夏大姑在永生巷集资两万银银圆，购买坟荒地 2.8 公顷，建成普爱堂。1923 年，仁爱会修女对普爱堂进行改造，修建了现在的南岗子天主堂。1958年南岗子天主堂被关闭。1986 年 2 月，教堂恢复使用，于同年 9 月 1 日正式开堂，并恢复了修女学校，正式定名为"小德肋撒修女初学院"。1989 年南岗子天主堂被列为东城区重点文物保护单位。

（2）建筑特征

南岗子天主堂坐南朝北，长 32.5 m，宽 13.8 m，钟楼高 15 m，占地448.5 m²。南岗子天主堂垂直向上的外观造型、正立面正中的圆形玫瑰窗、尖拱形的门窗、教堂内部中厅与侧廊之间的尖拱形空间、简化的尖形吊顶等都突出了哥特式教堂的典型特点。此外，教堂附属建筑包括神父院、厨房以及作为惠我第四分校的 7 间学房（图 2-42）。

4）保定南关天主堂

（1）历史沿革

保定南关天主堂（Baoding Southgate Catholic Church）又名保定关西街教堂、南关旧天主教堂，位于保定市关西街 91 号。教堂始建于 1918 年，当

中西建筑文化交融研究：以京津冀地区教堂建筑为例

A Study on the Integration of Chinese and Western Architectural Culture: Taking Beijing-Tianjin-Hebei Churches as Precedents

图 2-42　南岗子天主堂立面实景

时除教堂外，还有牧师楼、修道院等附属建筑，现仅存教堂一座。新中国成立后，教堂曾被用作红星塑料厂的仓库，后因该厂破产而遭废弃。现存教堂建筑除立面遭遇较多破坏以外基本保持完整。2009 年，关西街教堂成为保定市市级文物保护单位。

（2）建筑特征

保定南关天主堂教堂坐北朝南，内部为巴西利卡式布局，堂身长 29.8 m，宽 12.4 m，建筑面积约 370 m²。立面原有三个尖券门，单钟塔钟楼凸出，高15 m，上有尖塔，6 组连续尖券的柱廊体现了哥特式的特征。经对比发现，保定南关天主堂与北京南岗子天主堂在外观和形制上基本相同（图 2-43、图2-44）。

图 2-43　保定南关天主堂实景　　　　图 2-44　保定南关天主堂侧立面实景

三、文艺复兴风格

The Renaissance Style

（一）基本特征

文艺复兴建筑 15 世纪发源于意大利，建筑师们从古典柱式中汲取灵感，摒弃了中世纪时期的哥特式建筑风格，在宗教和世俗建筑上重新采用古希腊罗马时期的柱式构图要素。他们一方面采用古典柱式，另一方面又灵活变通，大胆创新，将各个地区的建筑风格同古典柱式融合在一起。

（二）案例分析

文艺复兴风格的教堂实例在全国范围内比较罕见，京津冀地区现存的文艺复兴风格教堂典型实例是天津的方济各会圣心教堂。

（1）历史沿革

方济各会圣心教堂（Franciscan Sacre Coeur Church）又称耶稣圣心堂，坐落在天津意租界伊曼纽尔三世路，又称意租界大马路（今河北区建国道 73 号）。在当时隶属于天主教意大利方济各会与圣心医院（原称意大利医院）和修女院形成的欧式教会建筑群。目前为一般保护等级历史风貌建筑，现为天津

中西建筑文化交融研究：以京津冀地区教堂建筑为例

A Study on the Integration of Chinese and Western Architectural Culture: Taking Beijing-Tianjin-Hebei Churches as Precedents

市第一医院住院部。

1914—1922 年，由意大利慈善家协助筹集经费，由国家援助传教士协会支持，意大利建筑师罗菲诺尼（Daniele Ruffinoni）、军医尼古拉·迪·汝拉（Ludovico Nicola di Giura）和神父拉涅弟（Leanetti）合作设计并建造了方济各会圣心教堂与圣心医院。1952 年，意籍修女离境，天津市立第一医院与圣心医院合并，教堂随之废弃。教堂后来曾被改作网吧，内部空间因用混凝土柱和楼板加建一层而遭遇了极大的破坏。2008 年，圣心教堂被确定为第五批天津市历史风貌建筑。2013 年教堂得到修复，修复后的圣心堂基本恢复了原貌。

（2）建筑特征

方济各会圣心教堂占地面积 1200 m²，采用二层砖木结构，平面为集中式布局的希腊"十"字式。整座教堂用红砖砌筑，屋顶覆盖红瓦，檐部、线脚、窗套等用白石砌成。礼堂位于建筑中心，顶端为隆起的八角形攒尖屋顶，各墙面上都开有圆形窗，每个转角都有希腊壁柱作为装饰。东、西、北三面突出形成三角形山花，并设半圆形拱窗，东北侧主入口山墙上方立有十字架，现已被拆除（图 2-45～图 2-48）。

图 2-45 圣心教堂与圣心医院修女院实景

图 2-46 圣心教堂正立面实景

图 2-47　修缮前的圣心教堂内部实景　　　　图 2-48　修缮前的圣心教堂屋顶实景

四、巴洛克式风格

The Baroque Style

（一）基本特征

巴洛克式建筑是 17—18 世纪在意大利文艺复兴建筑基础上发展起来的一种建筑。其特点是外形自由，追求动态，喜好绚丽的装饰和雕刻，色彩对比强烈，常用穿插的曲面和椭圆形空间。巴洛克式风格的教堂富丽堂皇，塑造出相当强烈的神秘气氛，符合天主教会炫耀财富和追求神秘感的要求。

（二）案例分析

北京宣武门天主堂与天津紫竹林教堂是京津冀地区巴洛克式教堂的典型案例。

1. 宣武门天主堂

（1）历史沿革

宣武门天主堂(St. Xaviers Church)，又名南堂，是北京四大天主教堂之一。位于前门西大街 141 号，是北京城内最古老、历史最悠久的天主堂。南堂最早由意大利耶稣会士利玛窦创于明万历三十三年（1605 年），建筑外观沿用中国

中西建筑文化交融研究：以京津冀地区教堂建筑为例

A Study on the Integration of Chinese and Western Architectural Culture: Taking Beijing-Tianjin-Hebei Churches as Precedents

传统样式，内部装饰采用欧式教堂风格。明万历三十八年（1610 年），熊三拔[1]神父对南堂进行了小规模扩建。清顺治七年（1650 年），顺治皇帝将宣武门堂院东侧一块土地赐予汤若望[2]，用于建造新南堂，汤若望所建造的南堂风格仍为中国传统式。清康熙二十九年（1690 年），北京教区成立，宣武门天主堂成为主座教堂。清康熙四十二年（1703 年），京城地震对南堂造成了一定程度的损坏，传教士徐日升和闵明我主持了重建，重建后的南堂规模有所扩大，教堂风格采用了当时欧洲盛行的巴洛克式风格。清康熙五十九年（1720 年），京城再次发生地震，南堂被毁，次年由利博明主持修建。清雍正八年（1730 年）南堂又一次毁于地震，雍正赏赐银两对南堂进行了重修，延续了之前的巴洛克式风格。清乾隆四十年（1775 年），南堂遭遇火灾，乾隆皇帝赏银进行重建，仍为西式风格。后由于清政府禁教，清道光十八年（1838 年）南堂的宅院房舍被官府没收，只剩下一座教堂，并被封锁起来。直到清咸丰十年（1860 年）重新修整后开堂，但此时正值法国传教士掌管北堂期间，北堂规模逐渐扩大，成了当时主教座堂。义和团运动期间，南堂被彻底焚毁。1904 年，用庚子赔款重修了南堂天主堂及附属建筑，即为南堂现在的形制。"文革"期间，南堂成了玩具加工厂，主体建筑没有遭到损坏。1979 年，南堂开始恢复宗教活动，同时被列为北京市文物保护单位，1996 年宣武门天主教堂被列为全国重点文物保护单位（图 2-49）。1999 年，为庆祝新中国成立 50 周年，北京市政府拨款将南堂修葺一新。2012 年，西城区市政管理委员会处对南堂院落前的广场重新进行改造，设立了喷泉和花坛，成了市民休闲驻足的广场。在南堂的东面前方还修建了南堂小学和圣母会法文学校。现在南堂小学已不存在，圣母会法文学校成为北京外事职高。

---

1 熊三拔（Sabatino de Ursis，1575—1620 年）：字有纲，出生于意大利普利亚大区莱切市。1597 年入耶稣会，之后进罗马学院学习，不久即肄业离开了罗马。1606 年被利玛窦招来北京，与利玛窦一起工作，直到利玛窦生病去世。熊三拔悉心照料利玛窦，直到利玛窦生命的最后一刻，并为之撰写了第一部传记。他在中国传教约 15 年，共留下《泰西水法》《简平仪说》《表度说》《中国俗礼简评》和《陆若汉神父著述注解》五本书，以及一些关于教义和传教经历的信札等。尤其《泰西水法》一书，介绍了当时西方先进水利技术，在中西建筑文化交流中，为圆明园大水法的建造施工起到了非常重要的技术支撑作用。

2 汤若望（Johann Adam Schall von Bell，1591—1666 年）：字道未，耶稣会士，学者。他在华40 余年，经历了明、清两个朝代，是继利玛窦来华之后最重要的耶稣会士之一。

图 2-49　南堂透视图

（2）建筑特征

宣武门天主堂主体建筑为巴洛克风格，砖木结构，三个砖雕拱门并列一排，雄伟而庄重。其南北长 39.30 m，东西最宽处 24 m，坐北朝南，通体磨砖对缝。该建筑平面略呈长方形，南立面三间，北侧钟楼部分内缩为一间，东西两侧立面各 12 间。

南堂内部空间采用巴西利卡式的布局，中厅和侧廊均为拱形吊顶，并由两侧柱式的檐部发券，形成拱顶的拱肋结构。两侧墙壁整齐排列拱形长条花窗，并在拱形窗的上侧形成拱形结构与吊顶的拱肋呼应。教堂内部的装饰细部呈现巴洛克式的特征，如侧廊尽端壁龛顶部的涡卷结构，两侧墙壁悬挂的耶稣受难图框的涡卷造型等。

主立面用四根砖壁柱把立面分为三间，柱基为中式须弥座形式，柱头以西洋式涡卷、草叶装饰。主入口处为拱券门，两侧为砖壁柱承托双层冰盘檐，上置巴洛克弧形山花，正中雕饰十字架。券肩、檐口、山花内部雕以卷草、花卉图案。次入口与主入口大门形式相同，仅是开间略小而已。中层每间开一拱券窗，外置雕花窗套，次间券窗稍低，也略小于明间，其上方中层腰檐部分置冰盘檐口，内部雕饰中式卷草、花卉图案。上层为三角山花部分，两次间用巴洛克曲线雕饰。明间下部雕有瑞兽、海水、五星、卷草等中西合璧的图案。上部两侧用巴洛克曲线装饰，中间雕饰圆形宗教徽记，顶部安装十字架。

现存建筑规模有所缩减，其主立面为高出屋顶许多的屏幕式山墙。山墙上层次感鲜明的壁柱组合、不同比例的柱式对比能够产生丰富的光影变化，体

中西建筑文化交融研究：以京津冀地区教堂建筑为例

A Study on the Integration of Chinese and Western Architectural Culture: Taking Beijing-Tianjin-Hebei Churches as Precedents

现出巴洛克建筑的特征。叠砌的科林斯柱式将主立面纵分为三部分，每一部分都设置了装饰有复杂线脚和涡卷曲面的砖雕拱门和拱窗，而立面顶端曲线轮廓的三角形山花和两侧的巨大涡卷则强调其巴洛克式的风格特色。顶部为木制三角桁架，上覆灰筒瓦[1]。

2. 紫竹林教堂

（1）历史沿革

紫竹林教堂（St. Louis Church），别名圣路易堂，因坐落于法租界的紫竹林村而得名，现位于天津市和平区营口道 16 号（原法租界圣路易路），西侧为大清邮政局，东侧为天主教修女院三层建筑。

清同治九年（1870 年）发生天津教案，望海楼教堂被烧，聚居在宫北大街附近的外国人纷纷移居到租界。北京天主教总堂的樊国梁、德明远神父在天津法租界内修筑了紫竹林圣路易堂，教堂于清同治十一年（1872 年）8 月 25 日落成。"文革"期间，紫竹林教堂被迫关闭。1976 年，二层山墙顶部雕饰在地震中倒塌。1996 年该堂产权被归还给教会。2004 年，紫竹林教堂成为天津市和平区文物保护单位，2005 年被天津市政府颁布为天津市特殊保护等级历史风貌建筑。当时紫竹林教堂因长年未得到修缮而破损严重。2013 年，教堂经过全面整修之后，恢复了初建时的原貌（图 2-50～图 2-53）。

图 2-50　修缮前的紫竹林教堂实景

---

1 金莹：《北京地区天主教教堂建筑研究》，博士学位论文，中国矿业大学（北京），2011 年，第 68—72 页。

图 2-51　修缮前的紫竹林教堂周边环境实景

图 2-52　修缮前的紫竹林教堂立面细节实景

（2）建筑特征

教堂占地面积 6.8 亩（约 4533 m²），为砖木结构，建筑平面为三通廊式巴西利卡式布局，长 39 m，宽 26.7 m，建筑面积 779 m²。[1]

教堂立面用 4 对爱奥尼双柱支撑着青砖雕刻的檐部，檐口下为青砖齿饰。入口大门为半圆拱券，两侧为对称的爱奥尼克石柱，上方为三角形山花。

1　葛安祥，谢剑，杨建江：《西式历史风貌建筑结构体系分析——以天津紫竹林教堂为例》，《建筑结构》2011 年第 4 期。

中西建筑文化交融研究：以京津冀地区教堂建筑为例

A Study on the Integration of Chinese and Western Architectural Culture: Taking Beijing-Tianjin-Hebei Churches as Precedents

图 2-53　修缮后的紫竹林教堂图

（图片来源：吴畏绘制）

教堂主入口门厅上方夹层为唱诗楼，唱诗楼上有西洋古典管风琴。正厅纵向四跨，八根圆形雕木花柱，柱与穹顶主肋均为灰绿色，挺拔秀丽，直通屋顶，顶部为十字穹顶造型。正厅的尽头为祭坛：祭坛中心为白色大理石祭台；祭坛两侧供奉着两尊圣像——法王路易九世和法国女英雄圣女贞德。祭坛西侧墙壁上镶嵌一块白色大理石，用法文雕刻着参与教堂捐资的人名。

五、中西合璧风格

Chinese and Western Style

（一）基本特征

为满足宗教仪式的需求，中西合璧式教堂平面仍采用西式教堂常用的形式；立面多设在山墙面，中间开设尖券窗或玫瑰窗，入口往往是门斗式，采用了中国传统建筑式样。

（二）案例分析

京津冀地区中西合璧风格的天主教堂不在少数，大多建于清末民初，是中西建筑文化碰撞与融合的产物。京津冀地区现存中西合璧式教堂中较为典型的有献县云台山圣若瑟堂、献县南单桥圣母圣心堂和易县梁格庄天主堂。

1. 献县云台山圣若瑟堂

（1）历史沿革

云台山圣若瑟堂（St. Joseph Chapel），位于河北省沧州市献县东郊的云台山。

清同治三年（1864年）七月，教会购得云台山及周围215亩（约14333 m²）田地，作为教会的一个农庄，后将其规划为教会墓园。清光绪七年（1881）年，云台山圣若瑟堂在山南建成，为主持葬礼之用，第三任代牧步主教将其奉献于大圣若瑟。1927年献县耶稣会在云台山扩建避静院，1929年，避静院建成，取名"若瑟山庄园"。"文革"开始后，教堂被占用，且多次遭到损毁。1994年，圣若瑟堂及附属建筑被归还给教会，恢复了宗教活动。2006年5月，教区重建先贤纪念碑，追忆长眠于此的先辈，并在这里点燃了建教区150周年的圣火。

（2）建筑特征

云台山圣若瑟堂仿照中式宫殿建造在台基之上，坐北朝南，平面形制为西方巴西利卡式，面阔三间，进深七间。屋顶形制为中式传统硬山屋顶，立面为中式硬山墙面，正立面中心主入口上方开有西式玫瑰窗，顶部装饰有圣母怀抱婴儿的雕像，两侧立面门窗为半圆形拱券。教堂内部屋顶采用中国传统抬梁式构造，柱梁刷成红色，柱基和砖雕的装饰均采用中式做法。圣堂周围除了两座青砖小洋楼外还有不少中式青砖瓦房，如祈祷小圣堂、餐厅、宿舍等（图2-54、图2-55）。

2. 献县南单桥圣母圣心堂

（1）历史沿革

南单桥圣母圣心堂（Notre Dame Chapel），位于河北省沧州市献县南单桥古镇，是献县教区乡村教堂现存唯一的天主教教堂。该教堂始建于清光绪二十五年（1899年）。"文革"期间，教堂先后被用作大队部、会议室、礼堂、仓库、学校等。在此期间钟楼和角楼被拆除，内部空间受损严重。1980年，南单桥教堂及部分附属房屋被正式归还给教会。后来教堂经历过一次简单的修

中西建筑文化交融研究：以京津冀地区教堂建筑为例

A Study on the Integration of Chinese and Western Architectural Culture: Taking Beijing-Tianjin-Hebei Churches as Precedents

图 2-54　云台山圣若瑟堂外观手绘图

（图片来源：吴畏绘制）

图 2-55　云台山圣若瑟堂正厅手绘图

（图片来源：吴畏绘制）

缮，但并未恢复至初建时的原貌。

（2）建筑特征

现南单桥圣母圣心堂总占地面积为 453 m²，建筑面积约 190 m²，长 15 m，宽 8.2 m，可容纳百余人。教堂屋顶为中式硬山顶，内部结构为中式传统木屋架；正立面上的拱形门窗、高高耸立的十字架钟楼以及教堂四角的尖塔，体现出西式教堂的特征（图 2-56、图 2-57）。

图 2-56　献县南单桥圣母圣心堂外观手绘图

（图片来源：王冠群绘制）

图 2-57　献县南单桥圣母圣心堂正厅手绘图

（图片来源：吴畏绘制）

3. 易县梁格庄天主堂

（1）历史沿革

易县梁格庄天主堂（Lianggezhuang Catholic Cathedral），位于河北省易县梁格庄镇中西北部，是原易县教区主教座堂，1937 年至 1966 年是易县教

中西建筑文化交融研究：以京津冀地区教堂建筑为例

A Study on the Integration of Chinese and Western Architectural Culture: Taking Beijing-Tianjin-Hebei Churches as Precedents

区主教府所在地。

　　易县梁格庄天主堂始建于 1937 年，由易县教区首任主教马迪儒[1]建造。"文革"开始后，教区宗教活动被迫停止。后来易县教区被天主教爱国会合并到了保定教区，主教府及教堂因此废弃。教堂曾先后用作仓库、养鸡场等，建筑本身一直没有得到妥善维护，教堂中部屋顶现已坍塌，亟待修缮保护。梁格庄天主堂现已被列入当地的市级文物保护单位（图 2-58、图 2-59）。

图 2-58　易县梁格庄天主堂外观手绘图

（图片来源：王冠群绘制）

　　（2）建筑特征

　　梁格庄天主堂主教府建筑群由主体建筑和附属用房共五座建筑物构成。主体建筑风格为典型的中西合璧式：教堂坐北朝南，为中式的砖木石混合结构，平面为西方巴西利卡式，面阔三间，进深九间；立面采用中式牌楼造型，呈"山"字形排列；内部两排 14 根木柱将正厅分隔成中厅和侧廊；天花为平吊顶，绘有简单的装饰图案。

1　马迪儒（Tarcisio Martina，1887—1961 年）：罗马天主教河北易县教区主教、罗马教廷驻华公使黎培里的北平代表。马迪儒以宗教职业为掩护，进行反革命破坏活动，并为黎培里搜集军事情报。1954 年被驱逐出境。

图 2-59　易县梁格庄天主堂坍塌现状手绘图

（图片来源：王冠群绘制）

第三章

北京地区典型个案详解

Chapter III

Typical Case Study in Beijing

中西建筑文化交融研究：以京津冀地区教堂建筑为例

A Study on the Integration of Chinese and Western Architectural Culture: Taking Beijing-Tianjin-Hebei Churches as Precedents

京津冀地区天主教堂的建筑形式以哥特式、罗曼式和巴洛克式的建筑风格居多。本章选取其中的典型代表——北京地区的西什库天主堂、宣武门天主堂、王府井天主堂和东交民巷天主堂，通过分析其历史沿革、剖析其建筑特征，进一步呈现融合中西建筑元素的京津冀地区天主教堂的建筑形象。

一、西什库天主堂（北堂）

Sisku Church（Beitang）

西什库[1]天主堂，又称北堂，坐落于北京市西城区西什库大街33号，是北京最著名的东、西、南、北四大天主教堂之中占地面积最大、规制最为宏大的一座教堂，曾是北京教区主教府所在地。2006年，被列入全国重点文物保护单位。

（一）历史沿革

历史上的北堂，历经一次迁址，四次重修。

北堂前身——蚕池口教堂[2]始建于清康熙三十二年（1693年），于清康熙四十二年（1703年）建成，设计师是意大利世俗画家热拉第尼[3]。该教堂是历史上的第一座北堂。

清康熙三十二年（1693年）7月4日，康熙帝为了感谢传教士张诚用奎宁帮其治愈疟疾，将皇城西安门内蚕池口前辅政大臣苏克萨哈的旧府赐给传教士，旧宅经过简单修缮之后，便成为传教士居住与传教之所。清康熙三十八年（1699年），康熙帝应传教士的建堂之请，在西安门内再次赏赐建堂基地，并由朝廷拨银数万两用于兴建教堂。清康熙四十二年（1703年）12月9日，

---

1 "西什库"一词源自明朝正统年间，朝廷为满足皇家御用需要，于京城内建十座皇家仓库，称为"十库"，后称"西十库"或"西什库"。

2 为区别于1887年迁建西安门的西什库天主堂，本文中将其称为蚕池口老教堂或老北堂。

3 据朱静编译，《洋教士看中国朝廷》，耶稣会中国教会洪若翰神父写给法国国王路易十四的忏悔师拉雪兹神父的信，第49页，又见莫小也，《十七至十八世纪传教士与西画东渐》，第192-194页，热拉第尼曾随法籍耶稣会士白晋等人到北京，曾在1700年前后服务于中国宫廷。

历时四年的蚕池口教堂建设完工，举行了盛大的开堂大典。该教堂初名"救世堂"，取天主教耶稣救赎之意。由传教士张诚主持建造而成，长 25 m，宽 11 m，高 10 m。它是一座西式教堂。据传教士记载："天花板皆加绘饰，祭坛后部亦加彩绘，华人见者咸目迷五色。" 清康熙四十八年（1709 年）传教士请求扩大圣堂。康熙帝批准并赏赐银两、砖木等物，清康熙五十二年（1713 年）蚕池口老北堂扩建完成。教堂长七丈五尺，宽三丈三尺，高三丈。内部没有明柱，壁有半圆柱十六楹，柱顶刻有镂刻花草，顶绘穹窿形，人物栩栩如生。教堂建成后，康熙皇帝御赐匾额曰"万有真源"，撰联曰"无始无终，先作形声真主宰；宣仁宣义，聿昭拯济大权衡"并作律诗一首。堂上刻有康熙亲题"敕建天主堂"（图 3-1）字样。

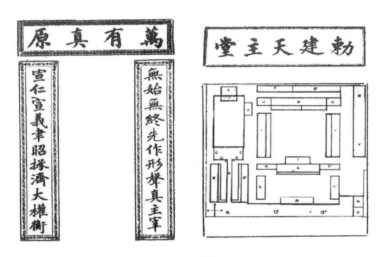

图 3-1　康熙亲题"敕建天主堂"

（图片来源：燕京开教略 [M]）

清雍正元年（1723 年），教堂一度被改作医院[1]。清道光七年（1827 年），蚕池口老教堂被清政府没收并被查封，主堂被拆除。至此，历经 135 年沧桑的蚕池口老北堂被完全毁坏。

1　参见：《北京天主教史》，第 139 页。

中西建筑文化交融研究：以京津冀地区教堂建筑为例

A Study on the Integration of Chinese and Western Architectural Culture: Taking Beijing-Tianjin-Hebei Churches as Precedents

清道光二十四年（1844年）12月28日，迫于外来殖民主义的压力，道光皇帝正式废除了对天主教的禁令。清咸丰八年（1858年）英法联军发动了第二次鸦片战争，清政府被迫签订了《天津条约》和《北京条约》。条约中强令清政府归还禁教之前教会的全部财产并拨付赔偿费。清同治三年（1864年），法国主教孟振生在强行索要回的蚕池口老北堂的原址上，开始主持重建蚕池口教堂。清同治五年（1866年）元旦，由法国人布里耶设计的哥特式蚕池口教堂落成。蚕池口教堂长50 m，宽21.3 m，高28 m，非常壮丽，是历史上第二座北堂，自此天主教北京枢机主教公署就设在北堂。因位于蚕池口，该教堂也称蚕池口教堂。蚕池口离三海很近，新建的北堂钟楼很高，可以俯瞰皇家禁苑，但存在安全隐患。清光绪十年（1884年）光绪亲政后，慈禧颐养西苑并大兴土木，将附近居民2000余户进行迁移，有意将蚕池口教堂也列在迁移范围之内。经过与罗马教廷和法国政府的交涉，教会同意将教堂迁往西什库，并由清政府出资三十五万两白银修建新的教堂建筑。法国教会于清光绪十三年（1887年）10月30日将蚕池口教堂交出[1]（图3-2～图3-4）。

图3-2　同治年间蚕池口教堂正立面

（图片来源：中国近代简史 [M]）

图3-3　同治年间蚕池口教堂院内的圣母山

（图片来源：中国近代简史 [M]）

1　根据德国人穆莫（Alfons von Mumm）1902年出版的摄影画册《摄影日记》（*Ein Tagebuch in Bildern*）记载，蚕池口新教堂至少在1900年还未拆除，且当时教堂主体保存完好，而且此时西什库正在经受战火，因此，笔者推测老北堂与新北堂在历史上曾并存过一段时间。

图 3-4　八国联军侵华时期的蚕池口教堂正立面

（图片来源：摄影日记［M］）

据当时清点之物抄呈慈禧太后和皇帝御览件的文字[1] 所录，可以作为如今研究蚕池口教堂的文物、室内外陈设和建筑的珍贵资料：

谨将蚕池口教堂及仁慈堂房间等物缮具清单恭呈御览

计开：

北堂

大堂一座（堂中大风琴一具，琴内音笛九百四十一条，栏杆外备用音第五十八条。）堂前石狮子一对，凉亭一座，石山子一座，花果树四十二株，柏树二十二株，南院槐、榆、楸、枣不可胜数，井八眼，大小房共二百六十六间。

百鸟堂诸物

第一架各等走兽三十二只，第二架中土各飞禽分六层（上层一百零九件，二层一百一十一件，三层五十四件，四层八十九件，五层六十四件，六层六十二件。）第三架外国飞鸟二百零四种，第四架海中珍奇一百一十二种，第五架海中各物九十件，第六架海中虫介七十件，第七架海中物九十件，第八架各色走兽七只，第九架中土蝴蝶四百零四色，第十架中土蝶介昆虫五百六十种，第十一架外国蝴蝶虫介二百九十七件，第十二架地中各螺丝五十六种，第

1　引自：董丛林：《毁誉参半：李鸿章的外交生涯》第三章"从一个教堂到一堆教案"，团结出版社，2008；李文忠公迁移蚕池口教堂函稿，（清）李鸿章、（清）吴汝纶编录。

中西建筑文化交融研究：以京津冀地区教堂建筑为例

A Study on the Integration of Chinese and Western Architectural Culture: Taking Beijing-Tianjin-Hebei Churches as Precedents

十三架虎象熊骨各鸟卵三十二种，第十四架酒浸各虫蛇十七瓶。柱上悬挂各兽角十四件。以上通共二千四百七十四件。

仁慈堂

小堂一座，大小房共二百一十二间，井四眼，葡萄四架，大小树二十株。

由清单可以看出：蚕池口教堂具备中式院落规模，建筑形制完整，室外建筑样式中西兼有，融合了中西方的建筑元素，室内陈设（主要是百鸟堂）则尽是海内外奇珍异玩。

清光绪十三年（1887年），蚕池口老教堂迁往西什库（图3-5），由清政府出资三十五万两白银用于修建新堂，清光绪十四年（1888年）12月9日，西什库天主堂告成祝圣，为历史上第三座北堂。在《迁堂条款》和光绪帝的上谕中，清政府再三强调：新建大堂"以五丈高为度，钟楼亦断不令高出屋脊"。所以新建成的北堂占地很大，但比蚕池口老北堂和蚕池口教堂都要低矮一些，教堂台基上配有中式汉白玉栏杆，左右两侧分立两座重檐歇山黄琉璃瓦碑亭，中西建筑混搭，一点也不用突兀，反而相得益彰（图3-6）。

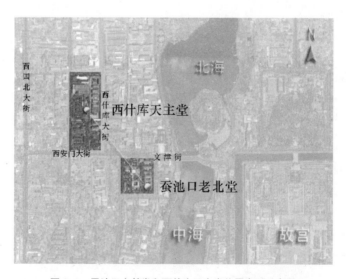

图3-5　蚕池口老教堂和西什库天主堂位置变迁示意图

图 3-6　西什库天主堂

（图片来源：简明中国近代史图集 [M]）

　　清光绪二十六年（1900 年）西什库天主堂被义和团围攻，教堂外围的部分建筑被摧毁，院内完好。义和团运动失败后，八国联军攻入北京，清政府被迫签订了《辛丑条约》，主教樊国梁[1]用清朝政府的赔款，重新修建了北堂（图3-7），为历史上第四座北堂。1901 年 7 月 14 日，北堂修补竣工，两侧的钟

图 3-7　庚子事变后的改建中的西什库天主堂

（图片来源：老北京网）

1　樊国梁，（*Pierre Marie Alphonse Favier*，1837—1905 年），法国人，义和团运动时期任北京西什库天主堂的主教，著有《燕京开教略》等书。

中西建筑文化交融研究：以京津冀地区教堂建筑为例

A Study on the Integration of Chinese and Western Architectural Culture: Taking Beijing-Tianjin-Hebei Churches as Precedents

楼分别加高一层。重修之后的北堂两侧的钟楼分别加高一层，终于高出了屋脊，形成了今日的北堂（图 3-8 ～图 3-10）。

图 3-8　民国时期的西什库天主堂

（图片来源：北京的天主教和教堂 [J]）

图 3-9　民国时期北堂内的主教公署

（图片来源：老北京网）

　　1958 年，在"献堂献庙"运动中，西什库天主堂所有房屋均被收归国有，北京教区主教府迁往南堂。之后，北堂被北京三十九中学占用。"文革"时期，北堂彻底被关闭。教堂的图书馆藏书，包括多个语种的早期印刷图书和和一批稀见文献被移交北京图书馆收藏。1959 年，北京市人民政府下令整修北堂，将哥特式的尖顶整修为方形的屋顶，当时顶上保留了八根立柱。

　　1984 年 5 月 24 日，西什库天主堂被列为北京市文物保护单位。1985 年 2 月，北京市政府将北堂退还给北京教区，教会按照庚子事变后修复后的北堂样式展开修缮工作（图 3-11）；同年 12 月 24 日举行了开堂典礼（图 3-12）。2006 年 5 月 25 日，西什库天主堂作为近现代重要史迹及代表性建筑（共 206 处），被国务院批准列入第六批全国重点文物保护单位名单。2007 年，再次修复北堂。经过再次修缮后的北堂，文物控制线内的建筑群范围被扩大，完整性受到保护。

图 3-10　1957 年的西什库天主堂

（图片来源：北京风光 [M]）

图 3-11　雕刻工人进行圣像修复

（图片来源：走访修复中的北京天主教北堂 [J]）

中西建筑文化交融研究：以京津冀地区教堂建筑为例

A Study on the Integration of Chinese and Western Architectural Culture: Taking Beijing-Tianjin-Hebei Churches as Precedents

图 3-12　北京西什库天主教堂

（图片来源：新华网　曾璜　摄）

（二）总体概况

西什库天主堂原是法国宗属耶稣会建筑，属于典型的中世纪哥特式风格。清光绪十四年（1888 年），新北堂建成后，《燕京开教略》对其规制曾有记载："堂之正门，建于高四尺五寸的青石平台上，台三面皆有汉白玉栏杆绕护，台的正中及左右，有台阶三起。楼正面有长一丈二尺、宽四尺八寸的汉白玉一方，镌刻着耶稣善牧圣像……堂中明柱三十六楹，柱基石皆为汉白玉，柱顶俱镂菘菜叶形，玲珑可观，每柱计高四丈九尺，皆为美国运来的桧木。堂之正身，有双尖洞牖十二扇，高约三丈，蔽以五色烧花玻璃，灿烂夺目，系巴黎所产。

在大堂后面，建有耶稣受难小堂，与大堂相通，间以玲珑隔扇。雕镂精致，金碧辉煌，尤为美观；正圣台外又有配台九座，油漆描金，亦颇艳丽；正圣祭坛后三面俱列歌座。在大堂正门内，建有乐楼，楼上设置巨琴，系法国所制，琴座为北京巧匠所雕。"由此可以看出，迁址后新建的北堂建筑，主要细部构造与装饰融合了中式传统元素和哥特式风格，如教堂内外的汉白玉栏杆、青石台基、汉白玉柱基等。中式传统的建筑元素在西式教堂主体中显得明显而不突兀，说明中式传统元素已经成功渗透进天主教堂的建筑设计中。

据 1958 年，梁思成、傅熹年等前辈对北京近代建筑群进行的详细测绘和调研资料，其中提到当时的北堂的建筑状况。当时的建筑用"石灰三合土基础，青石基墙，墙身全部用城砖砌造。内部柱身用美国松，形式仍仿哥特式的砖石柱。中心方柱涂红色，四边拼贴的半大圆柱用蓝色，加金箍……祭坛和讲坛的木雕也是哥特式，很精致。内墙及券顶粉刷为米黄色，压棕色花纹，也很协调。

侧窗及玫瑰窗全用铁条玻璃，地面铺'金砖'"[1]。

（三）建筑分析

主要分析迁址后的北堂。

1. 平面分析

（1）总平面

西什库天主堂堪称大型院落建筑群，坐北朝南，为多进式院落布局，充分体现了中式建筑群的特点，其范围（如图 3-13 所示）北起今日的地安门西大街，南抵西安门大街，西邻西皇城根北街，东至西什库大街，占地面积约41 亩。建筑群体包括主教公署、修道院、育婴堂、图书馆、后花园、印刷厂、

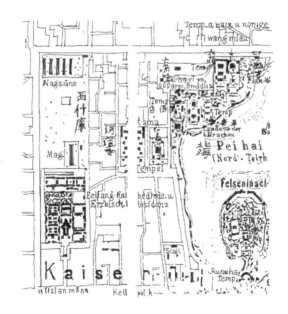

图 3-13　据国外刊物收藏的西什库天主堂老地图 [2]

（重新描绘）

1　据《北京近代建筑》记载。

2　据笔者推测，此图约成于 1913 年清末民初的交替之间。

中西建筑义化交融研究：以京津冀地区教堂建筑为例

A Study on the Integration of Chinese and Western Architectural Culture: Taking Beijing-Tianjin-Hebei Churches as Precedents

神父宿舍、医院、光华女子中学以及若瑟修女院等。这些附属建筑形制基本一致："大开条"青砖、石板瓦屋顶、平顶廊子、云头挂檐板、室内地板、抹灰顶棚等，都是近代西洋建筑传播初期的"洋房"的通行建造式样。教堂正面左右两侧各有一座四角攒尖、重檐歇山式、黄色琉璃瓦顶的中式亭子，亭内各有一只石龟身驮一块石碑，均为清政府钦赐。教堂与二碑亭风格是一西一中，立面层次是一高一矮，但是搭配起来并不显得突兀（如图 3-10 所示）。

后来由于历史原因和城市的发展，北堂院落范围缩减。现在院落由工厂、商业、医院、学校建筑围合，服务于教堂的建筑占地面积仅剩 5.6 亩，约为原来的 1/7（如图 3-14 所示）。

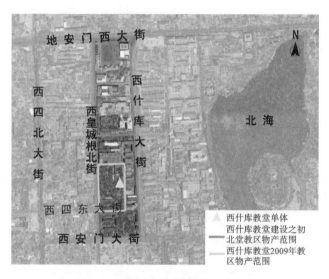

图 3-14　西什库天主堂教区范围变化图

（2）主堂平面

主堂坐北朝南，平面呈十字形（图 3-15），建筑面积约为 2200 ㎡。教堂共有大小入口 8 处：南侧主入口共 3 门位于一列，西侧次入口共 3 处，东侧次入口共 2 处。由主入口进入前厅，前厅左右两侧的楼梯通向夹层空间——唱诗厅。大堂是教堂主要的宗教活动空间，被两排 14 根立柱分割为中厅与东、西侧廊三个空间，其中中厅设置了十余排长椅。大堂四周共有大小不一的花窗

80扇，镶有五光十色的彩绘玻璃，在阳光照射下显得绚烂异常。大堂东、西两侧设有两处祭坛，分列圣子台、圣母台。最北侧的祭坛位于三级台阶之上，是神甫主持宗教事务的地方。祭坛后为苦难堂，一般不对外开放。

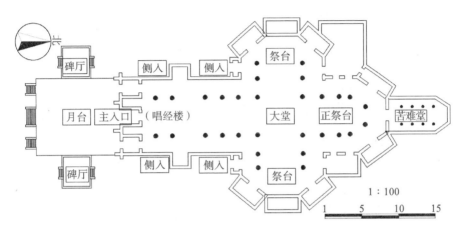

图3-15 西什库天主堂平面图及其功能分布

2. 立面

（1）立面概况

清光绪十四年（1888年）教堂最初建成时，南立面采用横三段纵三段的典型的哥特式构图方式，其中中间塔楼最高，两侧钟楼高度较低。清光绪二十六年（1900年）庚子事变后（图3-16～图3-18），北堂主教樊国梁按照西欧哥特的典型样式重修北堂，将左右两端的钟楼拔高一层，并增补了一层拱形盲窗，形成与现在一样的中间三段式与两侧四段式的典型哥特式构图方式（图3-19）。重建后，教堂高16.5 m，钟楼塔尖高约31 m。20世纪60年代后期，北堂再次遭毁（图3-20），顶部钟楼的破坏最明显。顶端两侧钟楼原有的山花、铁饰、

图3-16 西什库天主堂总平面图

中西建筑文化交融研究：以京津冀地区教堂建筑为例

A Study on the Integration of Chinese and Western Architectural Culture: Taking Beijing-Tianjin-Hebei Churches as Precedents

尖塔无一留存。现在的西什库天主教堂是 1985 年后按照庚子事变后修复的教堂样式修缮的成果。当时，重修了大堂正前方的耶稣主祭坛和东西两侧的圣母

图 3-17　庚子事变后的北堂教区全景俯视图

（图片来源：老北京网）

图 3-18　西什库天主堂南立面

图 3-19 1985 年修复前的钟楼

（图片来源：图说北京近代建筑史 [M]）

图 3-20 正入口红漆大门

中西建筑文化交融研究：以京津冀地区教堂建筑为例

A Study on the Integration of Chinese and Western Architectural Culture: Taking Beijing-Tianjin-Hebei Churches as Precedents

玛利亚和圣父若瑟的祭坛。为了保护教堂的建筑风格，修复专家对已经腐朽的大柁采用了"偷梁换柱"的办法，更换了大柁，并加固了柱头，完成了室内堂顶的修缮。北京房山县长阳古建队承揽了雕刻修复工程，包括各种石花、圣人雕像。北京金属制品厂按照原样重铸了塔顶的三尊铁质天神像。而教堂四周绘有十二门徒苦路和其他图案的彩色玻璃，也由中央工艺美术学院和北京玻璃研究所研究制造完成。

（2）立面装饰

教堂正立面作为教堂的主入口，是教堂设计的重点。虽然教堂整体上的主要特征表现为西方哥特式风格，但是其细部装饰与附属建筑多为中式传统风格，如大门、栏杆等。

①门窗。

"开向教堂内部的大门实际上意味着一个接口，将内外分开的门槛也象征了两种生存方式的隔阂——世俗的和宗教的。"[1]北堂正立面入口是一组主次分明的哥特式风格的尖拱券透视门：门洞为装饰有逐层内收的汉白玉雕饰的尖拱形，内嵌中式传统的红色大门（图3-20）。

建筑立面充满了厚重的立柱，墙体上装饰有竖长的部件，而狭长的外窗如同生长在外墙时留下的空隙。窗楣的拱窗造型简洁明快，在素色墙面上格外突出，配以复杂的线脚和传统欧式风格的装饰构件，显得繁杂适度。此处主要介绍三种窗户：长条拱形窗（图3-21），顶部的圆形鼻饰的装饰图案构成了拱窗的主要分割形式，拱窗上镶有玻璃彩绘图案，是最典型的哥特窗样式；尖形三叶拱形盲窗，为三个一组通高的尖形三叶拱形盲窗（图3-22），配以红漆横格，顶部有三叶花饰窗格，竖向为通高的设计，窗间墙配以卷叶花饰状的汉白玉雕塑装饰，两侧柱式则体现了建筑的古旧沧桑感；玫瑰花窗（图3-23）为均分的八瓣形，周围布有四个三叶式浮雕。玫瑰圆窗成为该建筑大面积实体墙面的最大亮点。总之，立面开窗花饰于统一中富有变化，形成排比韵律感，造型朴素大方、比例和谐均匀，具有规则感。

1　引自：莫里沙·伊利亚得（Mircea Eliade），《神圣与世俗》（*The Sacred and the Profane*）。

图 3-21　长条拱形窗

图 3-22　尖形三叶拱形盲窗

图 3-23　玫瑰花窗

中西建筑文化交融研究：以京津冀地区教堂建筑为例

A Study on the Integration of Chinese and Western Architectural Culture: Taking Beijing-Tianjin-Hebei Churches as Precedents

②雕塑。

整栋教堂从材质上讲，可以说是雕刻的艺术，此处就外立面最有艺术性的四处雕饰展开分析。

a. 塔顶雕塑。顶端由 11 座挺拔的尖塔组成，塔尖有尖顶冠饰，钟楼顶端有铁制天使雕塑作为标志（图 3-24）。

图 3-24　塔顶雕塑

图 3-25　圣像神龛

b. 圣像神龛。主入口大门旁的壁柱上设有四位圣徒的圣像神龛（图 3-25），是整个外立面上纪念性最强的部分，它们增强了建筑的纵向拉伸感。人物从西至东依次是圣若望、圣伯多禄、圣保禄和圣玛窦。神龛与建筑整体同为青砖石砌，神龛的边饰和其中的圣徒雕像则为汉白玉筑成。

c. 耶稣壁饰浮雕。该雕饰位于正立面中央玫瑰花窗的上方，在带有耶稣会标识的三角山花的下方（图 3-26）。浮雕画为汉白玉制造，描绘出耶稣牧羊的美好画面，但是耶稣的造型却是一个背着布袋或绵羊的赤脚光头的罗汉形象，可见天主教为了融入中国、吸引中国人，已经将西方的天主之"神"中国化了。

　　d. 滴水嘴。传统欧式教堂的滴水嘴常常是哥特式教堂外部精彩的建筑小品，多为造型极其夸张的动物、人物或妖兽形象。然而西什库天主堂的滴水嘴造型（图 3-27）是中国传统宫殿或园林建筑中排水的螭首形象。

图 3-26　耶稣壁饰浮雕

图 3-27　西什库天主堂的滴水嘴

3. 内部空间

　　每一个建筑构件的装饰化处理都使巨大的空间更有层次感。哥特式坚硬挺拔的直线和形象多变曲线相结合，让室内外空间充满了雕塑感十足的宗教建筑气势（图 3-28 ～图 3-30）。从装饰艺术的设计手法来看，哥特式教堂建筑的装饰也主要由室外装饰和室内装饰两部分组成。

　　（1）大堂

　　①立柱。

　　教堂内部共有 36 根明柱，现存柱式外观是 1985 年按照庚子事变大修后保留的样式修复的。柱式是西欧装饰时期较为典型的哥特柱：柱身中心为砖石方柱，外涂红色，四边拼贴的半大圆柱涂以蓝色，加金箍柱。在后来的修复过程中更换了四根大桡，加固了柱体。现在柱体的中心方柱依然涂红色，四边拼

中西建筑文化交融研究：以京津冀地区教堂建筑为例

A Study on the Integration of Chinese and Western Architectural Culture: Taking Beijing-Tianjin-Hebei Churches as Precedents

图 3-28　1900 年的北堂内部中厅

（图片来源：近代中国的西式建筑 [M]）

图 3-29　1950 年的北堂内部中厅

（图片来源：近代中国的西式建筑 [M]）

图 3-30　现在的北堂内部中厅

（图片来源：王冠群绘制）

贴的半圆柱主体为绿色，被金色线条分割为 13 段；柱头装饰为金、红、绿三色相间的盘形叶饰；柱脚是紫檀色盘形木柱脚；最下方的墩柱脚则是藏青色双层多角形木制墩。据记载，北堂内部大量木材为金丝楠木[1]，稀有且珍贵。

　　②穹顶。

　　大堂穹顶由 48 组八分交叉尖形肋骨拱顶组成（图 3-31）。拱顶上嵌外红内金的动线肋骨，肋骨中心交叉的拱顶石是八瓣镶十字花饰状。主入口夹层之下的天花板是四格彩画的平面顶（图 3-32）。两侧祭坛的穹顶（图 3-33）是四分交叉肋骨、拱顶石吸入式平行天花板。

1　在中国古代，金丝楠木属于皇家木材，一般专用于皇家建筑、园林、家具、陵寝等，是最高级别且最珍贵的木材。

中西建筑文化交融研究：以京津冀地区教堂建筑为例

A Study on the Integration of Chinese and Western Architectural Culture: Taking Beijing-Tianjin-Hebei Churches as Precedents

图 3-31　大堂八分交叉肋骨拱顶

图 3-32　主入口夹层下的天花板

图 3-33　两祭坛穹顶

③装饰。

大堂四周布满天主教彩绘（图 3-34）：长条窗之间悬挂耶稣十四路苦路油画作（图 3-35），其中一些画作很有中西合璧的特色，例如图 3-36 圣母圣

图 3-34　墙体、窗边四周的彩绘

图 3-35　耶稣画作

中西建筑文化交融研究：以京津冀地区教堂建筑为例

A Study on the Integration of Chinese and Western Architectural Culture: Taking Beijing-Tianjin-Hebei Churches as Precedents

子图是身穿清朝皇服的西方模样的母子，象征着西方天主教之"神"的本土化；虽然室外窗玻璃的分割采用的是中式传统的红木窗格，但是室内的玻璃彩绘依然是传统西式模样。

图 3-36　圣母圣子像

（2）夹层

欧式教堂的唱诗厅（图 3-37）通常结合室内拱廊，布置于大堂左右两侧。西什库天主堂则是将唱诗厅安放于正入口前室的夹层之上。二十世纪六七十年代之前，唱诗厅上有一架原产于法国巴黎的、规格巨大的管风琴（图 3-38），琴座为北京能工巧匠雕刻。

（3）祭坛

教堂北端中央为耶稣主祭坛（图 3-39），占地共 256 m^2，祭坛两侧设有主教宝座及 48 个圣职座位（图 3-40），另有 9 座小祭坛环绕在主祭坛周围。主祭坛两侧是小祭坛——圣母玛利亚（图 3-41）和圣父若瑟（图 3-42）。

图 3-37 唱诗厅

图 3-38 唱诗厅内景

（图片来源：北京近代建筑［M］）

图 3-39 耶稣主祭坛

图 3-40 圣职座位

中西建筑文化交融研究：以京津冀地区教堂建筑为例

A Study on the Integration of Chinese and Western Architectural Culture: Taking Beijing-Tianjin-Hebei Churches as Precedents

图 3-41　圣母玛利亚祭坛

图 3-42　圣父若瑟祭坛

4. 中西建筑元素对比分析

　　西什库天主堂的建筑形制和精髓是中西合璧。经过系统梳理，笔者将有北堂建筑艺术特色的中式与西式元素按照由整体到局部、由宏观到微观、由外到内的序列简单总结如下（表 3-1）。

表 3-1 西什库天主教堂中西建筑元素对比分析

建筑部位		中式元素	西式元素
室外	建筑朝向	坐北朝南	—
	建筑材料	石灰三合土基础，青石基墙，墙身全部用城砖砌造	—
	立面构成	—	横三纵四的哥特式墙面构成
	教堂门	中式红漆木制莲花图案大门，汉白玉尖形券	尖形层叠拱券
	教堂窗	汉白玉边饰；盲窗中国红漆木百叶	哥特式的长条拱形窗、尖形柳叶拱形盲窗和玫瑰花窗
	雕塑	汉白玉材质；中式人物风格的耶稣浮雕	哥特式的圣像神龛、四位圣徒圣像
	滴水嘴	螭首造型	—
	教堂屋顶	—	典型的哥特式尖形钟塔
	月台	汉白玉；中式栏杆和石狮	—
	碑亭	一对四角攒尖、重檐歇山式、黄色琉璃瓦顶的亭子，内各存石碑一块	—
	其他附属建筑	建筑形制中式四合院式	线脚、局部形制有西欧风格
室内	穿顶（天花板）	正入口前室天花板是四格彩画的平面顶	哥特式尖形肋骨拱顶
	柱体	色彩使用中国柱式的红绿漆	仿哥特式的砖石柱
	唱诗厅	安放于正入口前室的夹层之上	原有法国巨型风琴一座
	挂画	有身穿清朝皇服的皇帝母子造型的圣母圣子像	耶稣十四苦路油画
	玻璃	—	满是宗教人物故事的彩色玻璃
	祭坛、讲坛	漆以中国紫檀色	哥特式木雕
	对联、题词	主入口、主祭坛、祭坛神像两侧均有中式对联和题词	—

中西建筑文化交融研究：以京津冀地区教堂建筑为例

A Study on the Integration of Chinese and Western Architectural Culture: Taking Beijing-Tianjin-Hebei Churches as Precedents

二、宣武门天主堂（南堂）

Xuanwumen Catholic Church（Nantang）

宣武门天主堂又称南堂，是北京四大天主堂之一，位于前西门大街 141 号，地处宣武门内大街和宣武门东大街交会处。南堂不仅是北京城内最古老的天主堂，也是中国内地历史最悠久的天主堂，见证了天主教在中国四百年的沧桑巨变。

南堂主体建筑面积 1300 m^2，附属建筑约 400 m^2。其中，主体建筑外观形制为西式巴洛克风格，在细节处点缀有中式装饰，附属建筑与院墙形制则均为中式传统风格。

（一）历史沿革

明万历三十三年（1605 年），利玛窦在宣武门内购置一所房子作为寓所，并将其改建成礼拜堂。礼拜堂平面为长方形，建筑外观沿用中国传统样式，此为宣武门天主堂的前身。明万历三十八年（1610 年），南堂进行第一次小规模扩建，由神父熊三拔主持，工期不长，"用了二十天工夫"[1]，工程也并不是很大，但是这使南堂有了真正的礼拜堂[2]。该建筑平面为长方形，"大厅长 70 尺，宽 35 尺[3]"；建筑外观沿用中国传统式样，细部有西式装饰，"门楣、拱顶、花檐、柱顶盘悉按欧式"，内部装饰已采用西式风格。明万历四十四年（1616 年），"南京教案"爆发，明朝政府下令将在京耶稣会士驱逐至澳门，南堂被封禁。明崇祯二年（1629 年），礼部尚书徐光启举荐了一些精通天文历法的传教士来京参与开局修历，南堂恢复了往日的宗教活动。

清顺治七年（1650 年），钦天监监正汤若望因"创立新法"有功，清廷"赐汤若望宣武门内天主堂侧隙地一方，以资重建圣堂，孝庄文皇太后颁赐银两，亲王、官、绅等亦相率捐助"。汤若望负责设计南堂的建筑方案，并制定了具

1　罗渔，译：《利玛窦书信集》，光启出版社，1986，第 456 页。

2　余三乐：《中西文化交流的历史见证——明末清初北京天主教堂》，广东人民出版社，2006，第 36 页。

3　罗马尺，每尺约合 0.24 m：裴化行：《利玛窦评传》，第 618 页。

体的施工计划。郎世宁参与了南堂的内部装修设计，并作《君士坦丁大帝凯旋图》等壁画。清顺治九年（1652 年），第一代南堂建成，它由教堂与天文台、藏书楼、仪器室、传教士的住宅等附属构筑物组成。其中，主体建筑风格为中西式：外形轮廓仍沿用中国式，堂内装修与局部构件、饰物多为西式。清顺治十三年至十四年（1656—1657 年）之间，顺治皇帝 24 次亲临南堂，并赏赐有御制"通微佳境"匾，称汤若望神父为"通微教师"。清康熙五年（1666 年），汤若望神父去世，比利时耶稣会士南怀仁接替神父之位。清康熙十四年（1675 年），康熙皇帝两次亲临南堂看望南怀仁神父，并赐御笔"万有真源"和"敬天"匾额，命悬挂于南堂内。清康熙二十九年（1690 年），北京教区成立，南堂成为其主教府所在地。

　　清康熙四十二年（1703 年），南堂在地震中受损，康熙皇帝御赐白银十万两用于重修。清康熙五十一年（1712 年），第二代南堂落成，其建筑风格改为西式巴洛克，这标志着北京的天主教开始由中国传统式样向折中主义的西洋风格转化。

　　清康熙五十九年（1720 年），南堂在地震中被毁。清康熙六十年（1721 年），葡萄牙国王斐迪南三世出资重建南堂，此为第三代南堂。教堂为西方巴洛克式，建筑平面为十字形，宽四十五尺，长八十尺，为穹隆状屋顶。

　　清雍正八年（1730 年），北京再次发生地震，南堂受损严重。雍正帝赐银一千两修缮南堂，重修后为第四代南堂。此次重修延续了之前的巴洛克式风格。

　　清乾隆四十年（1775 年），南堂遭受火灾，所有康熙书匾额及对联均被焚毁。乾隆帝赐银一万两，饬令将天主堂照康熙例重建，此为第五代南堂。"堂制狭以深实，正面向外，而宛若侧面；其顶如中国卷棚式，而覆以瓦；正面止启一门，窗则设于东西两壁之巅……左有两砖楼夹堂而立，左贮天琴，……右圣母堂。""其式准西洋为之……其堂高数仞，凡三层，层层开窗，嵌以明瓦，渐高渐敛如覆舟形，圆而椭。"可知第五代南堂仍为巴洛克式建筑。

　　清道光十八年（1838 年）清政府取缔了天主教在华一切活动，南堂被政府没收。清咸丰十年（1860 年），南堂重新开堂。清光绪二十六年（1900 年），南堂在义和团运动中被彻底焚毁。1904 年，教会利用庚子赔款重修南堂，此

中西建筑文化交融研究：以京津冀地区教堂建筑为例

A Study on the Integration of Chinese and Western Architectural Culture: Taking Beijing-Tianjin-Hebei Churches as Precedents

为第六代南堂，即现在的南堂。重建后的南堂没有完全恢复被毁以前的样式，正面面宽由 5 间减为 3 间，立面保留巴洛克风格，堂前的内院广场缩减为一进院落，西侧的民居增加了内部使用空间。

1979 年，南堂被列为北京市重点文物保护单位，并成为北京教区的主教座堂。1996 年 11 月 20 日，南堂被列为全国重点文物保护单位。1999 年，在新中国成立五十周年之际，北京市政府拨款 130 万元用于修葺南堂。现在，南堂是北京市天主教爱国会、天主教北京教区主教府、西城天爱诊所所在地，也是目前北京唯一有英文弥撒的教堂。

（二）群体布局分析

南堂建筑群总体布局为套院式（图 3-43），共三进院落，其中两两穿套。

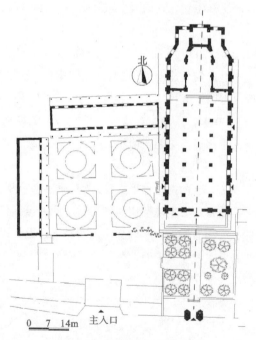

图 3-43 南堂总体布局平面图
（图片来源：根据《图说北京近代建筑史》绘制）

　　第一进院落主要承担接待、办公和医疗等功能。院内各建筑均采用青砖砌筑，屋顶为筒板瓦叠砌的中国传统歇山顶，素雅而宁静。主入口大门为中式建筑（图3-44），体量较其他建筑略高大一些，醒目而突出。院内园林景观采用中式传统手法，如东、西两侧墙壁内嵌圆形拱门洞，与院中被潺潺流水与茵茵绿植环绕的圣母山相呼应（图3-45）。

图3-44　主入口大门实景

图3-45　圣母山实景

中西建筑文化交融研究：以京津冀地区教堂建筑为例

A Study on the Integration of Chinese and Western Architectural Culture: Taking Beijing-Tianjin-Hebei Churches as Precedents

　　第二进院落——北跨院是教堂神职人员的起居空间。它与第一进院落之间由一个砖砌拱形门洞相通，门前矗立着利玛窦耶稣会士的铜像（图3-46）。该院落由北、西两排传统中式住房与东侧墙面围合而成，院内景色宜人，绿树与植被相映成趣，有中式园林曲径通幽的氛围（图3-47）。

图 3-46　利玛窦铜像

图 3-47　北跨院风景

　　主体建筑位于东侧的第三进院落——东跨院。该院落由东、西两侧院墙与南侧次入口的院门围合而成。院门为砖砌（图3-48、图3-49），中西合璧式风格，造型精致：在类似四角攒尖的宝顶正中竖立天主教代表符号——十字架，顶部四周分别设置板瓦叠砌的四角顶；檐下是曲折、叠涩而出的复杂线脚；檐部正中转折而出的线脚下是简化的爱奥尼柱式；门扇皆为中式传统朱红色；院中东、西两侧院墙各嵌中式石碑一座（图3-50），实为清世祖御制南堂碑记，记载着南堂1650年的建堂历史，现已字迹模糊；院中正对院门位置放置有圣方济各·沙勿略的铜像（图3-51）。

图3-48　东跨院的院门南侧实景

图3-49　东跨院的院门北侧实景

（三）主体建筑研究

1. 平面分析

　　南堂主体建筑平面为巴西利卡式（图3-52），但南堂有别于西方传统的巴西利卡式教堂，主要表现在：①教堂位于多级台阶之上；②教堂遵从中国传

中西建筑文化交融研究：以京津冀地区教堂建筑为例

A Study on the Integration of Chinese and Western Architectural Culture: Taking Beijing-Tianjin-Hebei Churches as Precedents

图 3-50　东跨院两侧的中式石碑实景　　图 3-51　圣方济各·沙勿略铜像实景

统建筑坐北朝南的习惯，将主入口设在南侧，并在东、西两侧各设两道旁门；③在教堂入口附近设二层夹层作为唱诗厅；④祭坛设在中厅尽端左右各连一间小室，并不是凸出于教堂平面的半圆形（图 3-53）。

2. 立面分析

（1）正立面

教堂为中式的砖木结构，正立面高出屋顶部分的屏幕式山墙、随处可见的涡卷曲面和复杂装饰线脚体现出巴洛克建筑的特征（图 3-54）。教堂立于多级台阶之上，正立面由四组高度不等、通高的科林斯式方形叠柱分割成三段，中间一段为整个立面的构图中心，正对教堂内部的中厅；两侧对称，对应教堂内部的侧廊（图 3-55）。

正立面中心包括两侧的科林斯式的方形叠柱、拱形门、拱形窗以及圆形砖雕。叠柱的上柱和下柱均有独立的檐部、柱头（图 3-56）、柱身及柱基，上柱较短而下柱较长，从而形成不同的柱式比例，下柱底端作中式基座（图

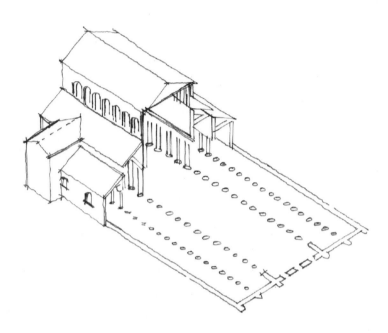

图 3-52　西方巴西利卡式教堂

（图片来源：根据《基督教堂建筑空间的发展与演绎》绘制）

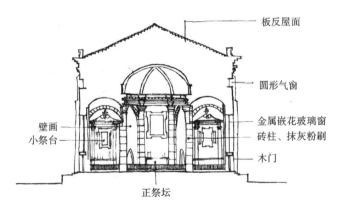

图 3-53　南堂教堂横剖面图

（图片来源：高红霞绘制）

中西建筑文化交融研究：以京津冀地区教堂建筑为例

A Study on the Integration of Chinese and Western Architectural Culture: Taking Beijing-Tianjin-Hebei Churches as Precedents

图 3-54　南堂正立面实景

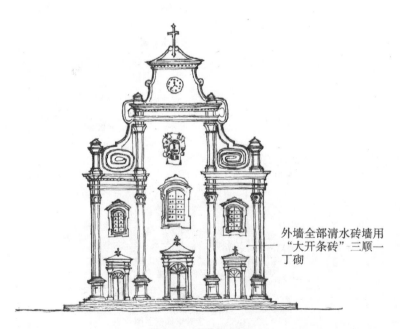

外墙全部清水砖墙用
"大开条砖"三顺一
丁砌

图 3-55　教堂南立面

（图片来源：高红霞绘制）

图 3-56　科林斯式柱头实景

3-57）。拱形门洞夹在两根科林斯式壁柱之间，与两侧通顶的高大叠柱形成呼应，又产生对比。拱门洞（图 3-58）两侧壁柱的檐部之间是多层水平线脚装饰带，加强两根壁柱之间的联系。装饰带之上为天主教宗教符号——十字架砖雕，十字两翼下端的涡卷雕饰将十字架与门洞两侧壁柱相连，成功地把十字架纳入主入口的构图之中。采用这种构图元素，使不同构件之间过渡自然，给人以统一均衡之感。门洞中镶嵌双扇红漆木门，上覆半圆形彩绘玻璃。拱形窗位于主入口之上，凸出墙面，边缘有多层线脚，其顶部及下方两侧边角处装饰了花雕，可见非常注重细节上的处理。窗洞内嵌暗红色木质窗框，饰彩绘玻璃。拱形窗之上是圆形砖雕，雕刻复杂，为中国传统装饰图案。立面上部的弧形山花顶端设十字架，十字架与山花的连接方式也用涡卷弧形雕饰。山花正中为圆形雕饰，中间同样有十字架，三角山花四周用多层曲线线脚作边缘界定，体现巴洛克建

中西建筑文化交融研究：以京津冀地区教堂建筑为例

A Study on the Integration of Chinese and Western Architectural Culture: Taking Beijing-Tianjin-Hebei Churches as Precedents

图 3-57 中式基座

图 3-58 拱形门洞装饰细部

筑的特征元素。立面的砖雕雕刻精美，样式丰富，将中国传统的花纹造型与西式涡卷造型、复杂线脚巧妙结合起来。虽然立面装饰元素多样，但通过运用相似的砖雕造型取得了整体的统一感。

　　正立面两侧呈对称布局，主要由拱形门和拱形窗构成。门窗的构图与主入口类似，只是缩小了比例，以突出中心立面的中心地位。立面两侧顶端为涡卷造型（图 3-59）。采用这种处理手法，一方面可以实现中厅和侧廊立面在高度上的自然过渡，另一方面强调了西方巴洛克教堂的典型特征，与立面其他的特征元素形成呼应。

图 3-59　正立面西侧涡卷造型实景

（2）侧立面

　　教堂的东、西两侧立面完全对称（图 3-60）：在屋顶檐部多层水平线脚之下等距排列方形壁柱；为避免简易的壁柱产生单调感，在柱子的顶部和 1/3 处分别采用了斜切面，形成简单的节奏与韵律；壁柱之间设置圆窗和拱形长窗，均饰以西式彩绘玻璃，窗框则为中式木制朱红色，与南侧正立面相统一。

中西建筑文化交融研究：以京津冀地区教堂建筑为例

A Study on the Integration of Chinese and Western Architectural Culture: Taking Beijing-Tianjin-Hebei Churches as Precedents

图 3-60　南堂侧立面实景

（3）北立面

北立面（图 3-61）高低错落、层次分明，两侧小室以钟楼为中心呈对称布局：钟楼的穹顶为建筑立面最高点，顶端设十字架；钟楼之下的墙面设有大小不同的拱形窗，并在转折处设置简易壁柱；女儿墙上设计有中式砖砌栏杆。

图 3-61　南堂北立面实景

3. 内部空间分析

南堂外部立面造型为西式风格，屋顶为中西合璧风格；内部空间主要包括门厅、正厅和祭坛。其中正厅为纵长布局，由两列柱子分为中厅和侧廊，中厅宽敞，侧廊则略显狭窄（图3-53）。

（1）门厅

教堂门厅空间包括两层。一层入口空间放置休息座椅、圣水池、更衣柜等设施。此处低矮昏暗的空间与二层通高且明亮的正厅形成鲜明对比，带给来访者一种柳暗花明的感觉（图3-62）。二层空间由中间的唱诗厅与东、西两侧的储藏空间组成。其中，与中厅相对的唱诗厅空间较为宽阔，在平面上略凸出于两侧，由栏杆围护，下方由两根中式白色圆柱支撑。夹层两侧与一楼相连的楼梯均为中式朱红色木质楼梯。

图3-62　门厅实景

（2）正厅

从教堂主入口向内观看，正厅内层层递进的柱式、拱肋、气窗形成有节奏的空间序列，将人们的视线引向位于尽头的祭坛。

中厅空间高大而宽阔，厅内16榀通顶方柱对称布局，且檐部由多层线脚彼此相连，檐部之上开设圆拱形气窗（图3-63）。中厅剖面呈拱形，吊顶造型是由两侧柱式檐部发券形成的拱肋结构。

中西建筑文化交融研究：以京津冀地区教堂建筑为例

A Study on the Integration of Chinese and Western Architectural Culture: Taking Beijing-Tianjin-Hebei Churches as Precedents

图 3-63　气窗实景

　　侧廊空间狭窄，比中厅略显低矮，侧廊吊顶与中厅有所不同：柱式以及侧壁的壁柱，相邻壁柱两两发券，形成拱形结构（图 3-64）。因此，侧廊每四根柱子之间的拱顶分别由四组拱肋结构包裹，与西方教堂中覆盖在方形平面之上的帆拱的做法类似。壁柱之间开设拱形长条窗（图 3-65），窗户镶嵌彩

图 3-64　侧廊拱券实景

图 3-65　长条窗实景

绘玻璃，题材主要为人物画像和植物图案。另外，墙面壁柱之上悬挂 12 幅耶稣受难图，其余 2 幅则悬挂在中厅邻近主入口的方柱上（图 3-66）。

（3）祭坛

祭坛（图 3-67）位于三层台阶之上，平面近似半圆形，上覆穹顶。穹顶装饰由壁柱发券形成交于一点的拱肋结构。祭坛墙壁周边对称分布八根壁柱，与中厅两侧柱式类似，边缘两根最粗，其他略细。壁柱之间的墙面均设拱形装饰，与吊顶的拱肋结构形成呼应。中间四根壁柱之间是圣母玛利亚的三幅壁画，正中壁画下设祭坛，供奉耶稣基督受难雕像，两侧的壁画下设圆拱形壁龛。其他四根壁柱之间分别设拱形门洞和神职人员座席。

图 3-66　中厅方柱实景

祭坛两侧分别设壁龛供奉圣若瑟神像（图 3-68）和耶稣神像（图 3-69）。壁龛的构图与主入口立面构图方式相似，线脚丰富，还有花纹雕饰与十字架，体现出建筑室内外装饰上的统一性。

中西建筑文化交融研究：以京津冀地区教堂建筑为例

A Study on the Integration of Chinese and Western Architectural Culture: Taking Beijing-Tianjin-Hebei Churches as Precedents

图 3-67　祭坛实景

图 3-68　圣若瑟神像

图 3-69　耶稣神像

三、王府井天主堂（东堂）

Wangfujing Catholic Church（Dongtang）

王府井天主堂又称东堂，是北京四大天主教堂之一，也是在北京城内建立的第二座天主堂。东堂本名"圣若瑟堂"，以耶稣的鞠养之父圣若瑟而命名，是中国天主教历史上第一座奉圣若瑟为主保的教堂。

（一）历史沿革

清顺治八年（1651年），顺治帝在东城赐给传教士利类思和安文思一处宅邸，即为王府井天主堂（以下简称"东堂"）所在地。清顺治十二年（1655年），利类思和安文思在原址上改建了一座教堂，即第一代东堂。第一代东堂为中式传统建筑样式的教堂，取名为"圣若瑟堂"，仅在建筑细节上设计有西方天主教装饰。《汤若望传》中描述："在这教堂底门高头，耸起十字一架，左右各塑向十字作祷告状之天使一位。在教堂前，立有'官员下马步行'之石碑。"

清康熙元年（1662年），利类思和安文思得到资助，修建了第二代东堂。第二代东堂是西式教堂建筑。

清康熙四年（1665年），北京城内掀起了反天主教的浪潮，汤若望、南怀仁、利类思、安文思被判入狱，波及东堂。清康熙六年（1667年），教案平反，一度被没收的东堂被归还给教会。清康熙五十九年（1720年），北京发生地震，东堂被震塌。同年，费隐神父主持重修东堂。这次重建获得了葡萄牙国王费迪南三世的资助。清康熙六十年（1721年）7月24日，第三代东堂竣工。第三代东堂由郎世宁设计教堂绘画，由利博明负责设计，是一座西式风格的教堂，堂中大坛与罗马圣路易教堂大坛类似，圆顶，绘画用透视法，"堂有自鸣钟楼……楼下有日晷石一双。西出门，有数丈之台，曰观星台。上建三屋，中屋藏各种仪器……庭东有屋数间"。

清嘉庆十二年（1807年），东堂附属建筑因火灾被焚毁，唯一幸存的教堂建筑也因朝廷的禁教政策而被没收并拆除。教士夜间搬运堂内图书，打翻灯火引起火灾，东堂周边房屋与堂内书籍化为灰烬，只有圣堂幸存。由于清政府的禁教政策，此次火灾直接导致教堂房产被没收，幸存的圣堂亦被拆除，东堂

117

中西建筑文化交融研究：以京津冀地区教堂建筑为例

A Study on the Integration of Chinese and Western Architectural Culture: Taking Beijing-Tianjin-Hebei Churches as Precedents

惨遭彻底毁弃。

清咸丰十年（1860 年），第二次鸦片战争爆发，清政府签订《北京条约》，东堂被归还教会；同年，教会在原址简单修建了几间房屋。清光绪六年（1880年），北京教区主教田类思向欧洲募款，开始重建东堂。清光绪十年（1884 年），历时四年，第四代东堂建成开堂。第四代东堂为砖木结构的罗马式建筑：墙用砖石砌筑，支撑结构为木质，正立面三座钟楼均为穹顶结构，最上边装饰有十字架。

清光绪二十六年（1900 年），东堂在义和团运动中再次被焚毁。1904 年，法国和爱尔兰用庚子赔款开始重建东堂。1905 年，第五代东堂竣工，即现在的东堂。

1966 年，东堂被关闭。1980 年，东堂修复后于 12 月 24 日正式开堂。1988 年，王府井大街改造开始，东堂周围的建筑陆续被拆除。1990 年 2 月 23 日，东堂被列为北京市重点文物保护单位。2000 年，北京市政府拨款对东堂进行整修和夜景设计。

（二）群体布局分析

1988 年以前，王府井天主堂建筑群体最初为院落式布局：堂北为惠我女校，教堂南侧和西侧有教室，东侧为学校操场；另有一东院作为神父住处，内有花池、平房和楼房。

1988 年王府井大街改造后，东堂建筑群呈广场式开敞布局（图 3-70、图 3-71）：堂前广场平坦宽敞，原有院门（图 3-72）因道路红线向内挪了 2 m；移建后的院门做仿牌楼处理，由于两侧已无院墙相连，它既相当于中国传统建筑群体中的牌楼，又相当于西方城市广场中的巨型雕塑；西侧为圣若瑟纪念亭（图 3-73），亭内雕像洁白，给人以圣洁之感；南侧是玫瑰园；东侧为附属建筑。

（三）主体建筑研究

1. 平面分析

作为东堂主体建筑，教堂的平面为拉丁十字式，沿东西向轴线呈对称分布。

图 3-70 东堂改造前后对比

（图片来源：王府井天主堂广场景观设计）

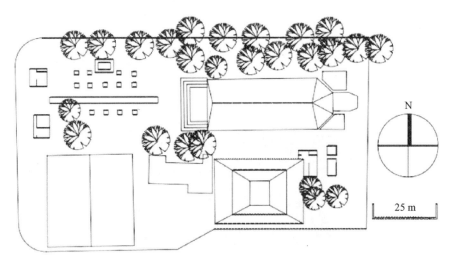

图 3-71 东堂总平面图

（图片来源：李昕琪绘制）

主入口设在西侧，并设有门厅。堂内由两列东西向排列的 18 根圆形砖柱分为中厅和侧廊，侧廊在接近西面主入口的南北尽端设有楼梯间，通至二楼。中厅比侧廊宽阔，末端设有祭坛。祭坛后端设一个小圣堂，圣堂两翼各自连接一个近似方形的更衣室，整个平面呈现十字形（图 3-74）。

中西建筑文化交融研究：以京津冀地区教堂建筑为例

A Study on the Integration of Chinese and Western Architectural Culture: Taking Beijing-Tianjin-Hebei Churches as Precedents

图 3-72　东堂原有院门手绘图

（图片来源：王冠群绘制）

图 3-73　圣若瑟纪念亭实景

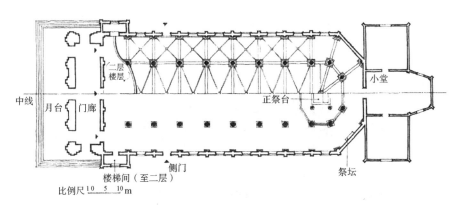

图 3-74 东堂平面图（1905 年重建）

（图片来源：北京近代建筑 [M]，第 296 页）

王府井天主堂与西式典型拉丁十字式平面的区别主要在于：①位于多级台阶之上，符合中国庙宇、官式建筑的做法；②入口处有向四面敞开的圆拱门厅；③内部在入口附近设二层夹层；④构成十字形的两翼不是设在祭坛的前端，而是设于平面尽端小圣堂的两侧；⑤中厅末端的祭坛不是凸出的半圆形，而是多边形。

2. 立面分析

教堂整体坐落在青石台基上，庄重严肃，宽 25 m，进深 60 m，共约 30 间，兼具罗曼式、哥特式与中式建筑风格的特点。外观高大宏伟，外墙以灰色青砖砌筑，局部点缀白色汉白玉装饰，细部突出，且素雅精致。檐口高度约 13 m，屋顶高约 18 m，中部穹顶高约 25 m。教堂立面的罗马古典柱式与中式构件过渡自然。哥特三段式构图与中国传统元素的精美砖雕相得益彰。罗曼式教堂的厚重饱满与青砖灰瓦的素雅宁静结合得当。建筑外观虽呈现多种风格，但丝毫没有杂乱之感，相反给人以别样的感官体验。

（1）正立面

东堂正立面(西立面)采用西方哥特式教堂典型的横三段、竖三段式构图（图3-75～图 3-77），中间为构图中心，两侧对称布局。竖向由六组凸出于墙面的叠柱贯穿两层，横向由复杂的水平线脚连通壁柱檐部；由台基向上各层逐渐

中西建筑文化交融研究：以京津冀地区教堂建筑为例

A Study on the Integration of Chinese and Western Architectural Culture: Taking Beijing-Tianjin-Hebei Churches as Precedents

图 3-75　东堂正立面图（1885 年）

（图片来源：北京近代建筑 [M]，第 297 页）

图 3-76　东堂正立面图（1905 年）

（图片来源：北京近代建筑史 [M]，第 50 页）

图 3-77　东堂正立面实景

内收至钟楼顶端小塔的十字架，体现出哥特式建筑的特征。整个立面以拱作为装饰母题，并通过拱的不同造型给人以统一而多变的美学感受。敦实的圆拱门洞、拱窗以及浑圆的穹顶反映了罗曼式建筑的特点。

正立面中部分三层：下层为拱形门洞，中间为圆形玫瑰窗，上层为钟楼。下层拱形门洞洞面装饰有花纹浮雕，其上依次设三个精美的石雕以及"惠我东方"字样。门洞两侧是石雕对联，上、下部分为中式花纹雕刻，并用鎏金字体分别书写"庇民大德包中外，尚父宏勋冠古今"（图 3-78）。这些均带有明显的中国特色。二层圆形玫瑰窗由规则的几何形状组合而成，中间呈现十字形，表面雕刻非常精致。玫瑰窗周围环绕四个圆形石雕，上下饰以中式花纹雕刻，上方正中刻"1905"字样。两侧对应下层对联的装饰采用与拱形门洞表面相同的花形图案，非常精美。最上层的钟楼比两侧钟楼高，也比两侧钟楼大，形式

中西建筑文化交融研究：以京津冀地区教堂建筑为例

A Study on the Integration of Chinese and Western Architectural Culture: Taking Beijing-Tianjin-Hebei Churches as Precedents
actually

中西建筑文化交融研究：以京津冀地区教堂建筑为例

A Study on the Integration of Chinese and Western Architectural Culture: Taking Beijing-Tianjin-Hebei Churches as Precedents

相似，只是投影平面为方形。三者之间由中式砖砌栏杆连接，并且在钟楼前两侧的壁柱檐顶分别设置四个砖砌六面体饰物，功能类似于中国传统栏杆中的望柱。

图 3-78　正立面中心与两侧中式对联实景

正立面两侧完全对称，各自由下层拱形门、中间拱形假窗和上层钟楼组成。下层拱形门洞夹在两组壁柱之间（图3-79）。每组由三根壁柱组合而成，按照中间凸出、两侧并列凹进的方式排列。壁柱为方形，每根都有檐部、柱头、柱身和柱础。壁柱檐部之间由白色装饰带连接，柱头为爱奥尼式，柱身有两层条形槽叠涩凹进，柱础采用西式线脚，细腻柔和。壁柱下面的基座为中式须弥座，壁柱之间的拱形门洞连接教堂西侧入口的门厅空间。整个门洞立面仿券柱式，表面雕刻中式花纹浮雕。门洞拱心石的位置设有一个装饰性石雕，非常注意细部的处理。拱形门洞之上为三个石雕，中间的雕刻形体较大且

图 3-79　正立面两侧的门洞

124

形状复杂，正中为镀金图案，与门洞拱心石位置的石雕上下相对。两侧石雕较小，为圆形花瓣雕刻。二层拱窗（图3-80）由三个爱奥尼式的方形青砖壁柱沿两圆心分别发券形成双联券柱式拱窗，窗洞正中装饰三角形花纹石雕，总体造型丰富，比例匀称，与整体造型配合协调，窗玻璃采用墨绿彩绘。三层钟楼覆肋形穹窿圆顶（图3-81），顶部为双重鼓座[1]。在竖向大致分五部分：最下层环绕爱奥尼式壁柱，壁柱之间开设单拱券柱式木百叶盲窗，上面三层做收分至顶部采光亭的十字架，各部分线脚复杂，装饰丰富，局部采用中式花纹雕刻。

图3-80 拱形窗

图3-81 正立面两侧的钟楼

（2）侧立面

南北侧立面完全对称（图3-82），大致分三部分：门厅、正厅、东侧尽端。

门厅的侧立面有三层，由下向上逐渐内收至最上面的钟楼及十字架，具有良好的韵律感。最下面的门洞夹在两组方形壁柱之间，一组由三根壁柱逐次

---

1 李路珂、王南、胡介中、李菁：《北京古建筑地图》（上），清华大学出版社，2009，第160页。

中西建筑文化交融研究：以京津冀地区教堂建筑为例

A Study on the Integration of Chinese and Western Architectural Culture: Taking Beijing-Tianjin-Hebei Churches as Precedents

叠加，另一组位于建筑转角之处，由五根壁柱重叠排列，线脚花纹非常复杂；第二层是两组壁柱夹着的拱窗，类似西立面布局；最上面是两组钟楼侧面排列，一大一小，一高一低。门厅侧立面延续了正立面的构图特征与装饰风格（图 3-83）。

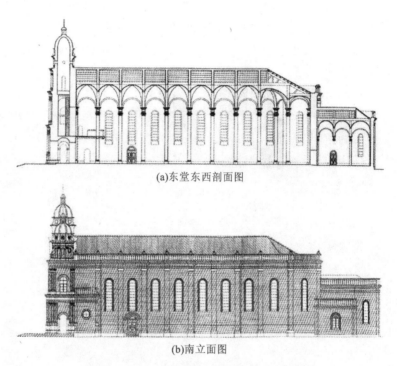

(a)东堂东西剖面图

(b)南立面图

图 3-82　东堂东西剖面图与南立面图（1905 年）

（图片来源：北京近代建筑史 [M]，第 50 页）

正厅的侧立面被两层通高的 10 根壁柱分割（图 3-84）。壁柱为罗马塔司干式，檐部线脚复杂，并有圆球托架压顶装饰，柱础基座部分较为简洁，略带中国传统仰莲和俯莲做法的痕迹。均匀排列的长条拱窗与壁柱一起构成丰富的层次关系。

图 3-83 门厅侧立面细部实景

图 3-84 正厅侧立面实景

中西建筑文化交融研究：以京津冀地区教堂建筑为例

A Study on the Integration of Chinese and Western Architectural Culture: Taking Beijing-Tianjin-Hebei Churches as Precedents

东侧尽头侧面为祭坛和更衣室的南立面，祭坛高，更衣室低，形成高低错落的层次变化。墙面设拱形窗，女儿墙均做成中式砖砌栏杆，上面有装饰性砖雕。

（3）东立面

与南北立面在横向上的不同层次相比，教堂东侧立面呈现纵向上的错落变化：钟楼最高，坡形屋顶次之，再向下依次为大厅、小堂和更衣室。大厅、小堂和更衣室女儿墙为砖砌连续拱券造型，转角处壁柱的檐部转折凸出，与女儿墙上砖跺上的圆球托架压顶装饰相呼应，加强了垂直划分（图3-85）。

图3-85　东立面图

（图片来源：描绘自《东华图志》）

3. 内部空间分析

教堂内部采用纵长的空间布局，双侧连续的拱廊结构与拱顶重复的拱环造型直指中厅尽端的祭坛，渲染出一种神圣的气氛；祭坛高于中厅地面，且吊顶与中厅不同，体现天主高高在上的地位；祭坛的圣像高于祭坛，形成天主俯视人的心理感受。白色墙面与拱顶、褚黄色大理石纹以及赭红色木墙裙与装饰细部烘托出一种安静、肃穆的氛围。

　　拱廊作为堂内与堂外的过渡空间。东侧设通向教堂内部的三个入口（图3-86），入口门洞镶嵌拱形双扇红木漆门，其拱面雕刻了精致花纹。东西墙面设宣传窗栏及中式壁灯。西侧为正立面三个门洞，南北尽端也是拱形门洞（图3-87），封闭的墙面与镂空的门洞相映出现，营造出拱廊空间丰富的光影变化。

图 3-86　主入口实景

图 3-87　侧立面门洞实景

中西建筑文化交融研究：以京津冀地区教堂建筑为例

A Study on the Integration of Chinese and Western Architectural Culture: Taking Beijing-Tianjin-Hebei Churches as Precedents

　　教堂的整个内部空间，无论是中厅、侧廊，还是夹层与祭坛空间，都充满"拱"的形象，并且拱廊结构、拱环造型由圆柱和木柱以一定的次序连接为统一的整体，渲染出幽静而又严肃的气氛。

　　（1）门厅

　　东堂门厅与北堂、南堂一样，由一层的主入口空间与夹层的唱诗厅两层组成。夹层被柱子分为三个空间，中厅宽而凸出（图 3-88），两侧窄而内凹（图 3-89），构成曲线的平面。吊顶与中厅侧廊相统一，是有十字交叉构件的拱形结构（图 3-90）。

图 3-88　正厅实景

图 3-89　中厅实景

图 3-90　中厅侧廊实景

（2）正厅

礼拜大厅是高约14 m的纵长空间，设祭坛（图3-90）但内部设计成拱形吊顶。堂内被两列纵向的18根圆柱分为中厅和侧廊，中厅较为宽阔，侧廊较为狭窄，两者之间几乎不存在高差。18根柱子通高两层，并在檐部向四个方向分别发券，形成拱顶的拱环造型以及双侧的拱廊结构。相邻拱环之间设置十字交叉的细肋构件，并在交叉位置饰以花瓣形木雕。由入口观看，重复、连续出现的柱式、拱环、细肋结构及花形木雕构成逐层递进的韵律感，将人们的视线导向中厅尽头。

大厅圆形木柱与侧廊两壁的方形壁柱相对排列，并且均匀分布，使得中厅和侧廊空间的划分整齐有逻辑性。长窗之下悬挂16幅耶稣受难的壁画。

（3）祭坛

祭坛内外两套空间（图3-91）位于两级台阶之上，被栏杆与中厅隔离开，体现神的伟大与人的渺小，以及天堂与人间两个世界的区别。半圆穹顶罩于独具特色的白色小亭之上，象征"圆天"，以示为"神"的居所，同时也是教徒祈求上帝赐予恩惠和幸福的体现。

方形小亭由四根柱身带有细密凹槽的白色石柱支撑，上覆涡卷曲线构成精致的小顶，其中宝顶和石柱柱头部分为外涂清漆的深色木雕，使白色小亭的

图3-91　祭坛实景

细部得到重点强调，圣洁而不失庄重，与室外广场的圣母亭是统一的风格。小亭周边围绕四根圆柱，圆柱顶端分别向两个方向发券，并结合半圆穹窿吊顶构成中厅和侧廊拱顶的延伸。小亭后面为供奉十字架的祭坛，悬挂圣若瑟怀抱耶稣的画像。两侧的楔形墙壁分别设小祭坛以供奉圣母玛利亚和圣若瑟。

四、东交民巷天主堂

Dongjiaominxiang Catholic Church

东交民巷天主堂与北京四大天主教堂相比，规模虽小，但综合了四座教堂的优点，造型上别具特色。东交民巷天主堂是西方传教士在北京修建的最后一座天主教堂[1]，又称圣弥厄尔教堂。建成至今 100 余年，未受到任何灾害性破坏，保存比较完好，现为北京市文物保护单位。

（一）历史沿革

1901 年，东交民巷天主堂开始建造。1904 年，东交民巷天主堂建成，同年正式开堂。1949 年，天主教北京教区正式接管该堂。1951 年，转由西什库天主堂（北堂）管理。1958 年，东交民巷天主堂被迫关闭，划归台基场小学（现为东交民巷小学）。1986 年，台基厂小学从教堂迁出。1989 年，教堂经过整修后于 12 月 23 日重新开堂，定名为北京教区东交民巷天主堂。同年，东交民巷天主堂被列为北京市东城区重点文物保护单位。1995 年，被列为北京市文物保护单位。2000 年，东交民巷天主堂再一次进行全面整修。2001 年 12 月 8 日东交民巷天主堂再次开堂。

（二）群体布局分析

东交民巷天主堂位于北京市东城区东交民巷甲 14 号，地处台基厂大街和东交民巷交汇处，总体呈院落式布局，地势东高西低，占地面积 2656.4 ㎡（图3-92、图 3-93）。

1　杨靖筠：《北京天主教史》，宗教文化出版社，2009，第 149 页。

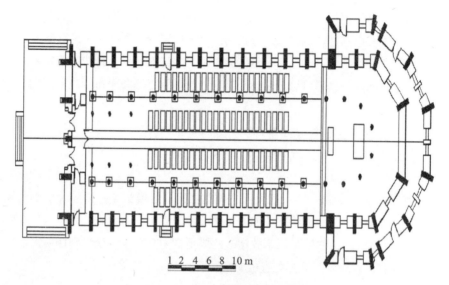

1 2 4 6 8 10 m

图 3-92 东交民巷天主教堂平面图

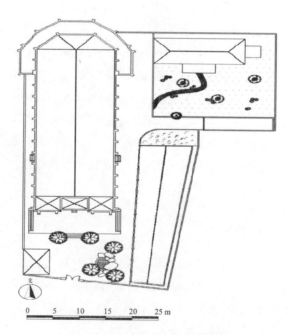

0   5   10   15   20   25 m

图 3-93 东交民巷天主堂总平面图

南侧院墙（图3-94）由灰砖砌筑而成，饰有中国传统图案，院墙上部作圆拱式镂空，拱间饰三叶形装饰，并由门柱式的墙柱加以分割，和谐美观。院门（图3-95）被夹在两根方形门柱之间，门柱柱头作仿仰莲式，柱顶向上内收，顶端为白色球形灯饰。

图 3-94 南侧院墙实景

图 3-95 院门实景

中西建筑文化交融研究：以京津冀地区教堂建筑为例

A Study on the Integration of Chinese and Western Architectural Culture: Taking Beijing-Tianjin-Hebei Churches as Precedents

院门西侧为圣物室——两间中式砖砌平顶建筑。院门东侧是中式传统园林样式的圣母山（图3-96），圣母位于叠砌的假山之上，山下设小型水池。

图 3-96　圣母山实景

教堂东侧为神职人员的生活用房。东侧以南是一列十间砖砌平房，包括餐厅、活动室等，屋顶为中国传统样式的筒板瓦两坡屋顶，西侧墙面等距离设置十一根壁柱，每根柱顶设灰砖叠砌的金字塔形构件，屋檐两条水平线脚之间的白色墙裙带加强了壁柱之间的联系。

教堂东侧以北是带小花园的神职人员宿舍，为新建的四坡顶平房（图3-97）。教堂原来的居住用房位于宿舍以北，两层，面阔七间，由灰砖砌筑是西式建筑（图3-98），风格形制与其他生活用房统一，只不过现在划分给相邻的东交民巷小学。

（三）主体建筑研究

1. 平面分析

教堂坐北朝南，位于多级台基之上，平面为巴西利卡式，南北进深十四间，东西面宽三间。由南向北依次为门厅、前厅、正厅和祭坛；前厅上方有唱诗厅；正厅由两列圆柱分为中厅和侧廊，中厅宽阔，侧廊狭窄；正厅北端为祭坛，祭

图 3-97 东侧平房实景

图 3-98 教堂原生活用房及其内部空间实景

坛部分是突出平面的多边形。

2. 立面分析

（1）正立面

教堂正立面为典型的哥特式风格，采用横三段、竖三段的构图方式（图

中西建筑文化交融研究：以京津冀地区教堂建筑为例

A Study on the Integration of Chinese and Western Architectural Culture: Taking Beijing-Tianjin-Hebei Churches as Precedents

3-99）。

图 3-99　正立面实景

南立面中间部分在整个立面中处于中心地位，最下方为并排的两个主入口，入口两侧的壁柱有完整的柱头、柱身和柱础，且柱头部分雕刻有镂空的浮雕，柱头顶部是圣弥厄尔[1]雕像，雕刻手法细腻，细节突出。雕像下方排水口采用中国传统的螭首造型，体现出中西文化的融合。主入口门洞内置双扇红木漆门，上方镶嵌有玻璃花窗。立面正中设尖拱窗，比例与两侧拱窗相比有所放大。拱窗之上是连续尖券装饰，与两侧钟楼的装饰带共同构成了贯穿整个立面的水平装饰带。立面中间最上方是雕刻精美的三角形山花，山花顶端设置十字架。

正立面两侧是对称式布局，各分三层。一层设壁龛，为圣贤阁。壁龛边缘装饰精美，两侧的壁柱柱础下面装饰倒三角形中式镂空浮雕，檐部发券形成尖拱，拱间和壁柱继续向上延伸至二层的水平线脚，构成饰有镂空式花纹浮雕的三角山花和火炬状的小尖饰。二层是双联券柱式尖拱窗，上方正中设圆形假窗，窗边缘的装饰构图与一层的壁龛一样，由壁柱、尖拱、山花和小尖饰组合而成。顶部的女儿墙做成连续尖券装饰带，有点类似巴黎圣母院西立面历代法王雕像的水平装饰带。三层是平面为八角形的钟楼。钟楼转折处设简洁壁柱，壁柱柱头之上设小尖塔和出水口。柱头之间由多层线脚相连，线脚之上与小尖塔之间设三角形山花，山花作多层叠涩凹进，且边缘饰火炬状小尖饰。钟楼正中顶部为锥形尖塔，尖塔边缘饰以细密的小尖饰。钟楼由下向上逐渐内收的造型，转角处通高两层且向上逐渐变细的两根壁柱，以及钟楼顶部布满小尖饰的尖塔，充分体现出哥特式建筑挺拔向上的特点。

1　圣弥厄尔，意为"谁如天主"。在圣经中，他是保护以色列子民的总领天使。他曾战胜代表魔鬼的大龙，即远古的蛇及其使者。教会尊他为新约子民的守护天使。

（2）侧立面

东西立面完全对称，主要分为三部分——钟楼侧立面、正厅侧立面和祭坛侧立面。钟楼侧立面是正立面的延伸。正厅侧立面有 12 根突出的壁柱，壁柱之间设镶嵌彩色花玻璃的尖拱长条窗。壁柱由下向上逐渐变细，柱础下方为石质基座，柱顶和柱 1/3 处作斜切截面，与南侧面壁柱的做法类似。祭坛侧立面与正厅之间被一根高出屋檐的粗壮壁柱隔开，祭坛和相邻小室的立面做多次转折凹进处理，墙角处设有壁柱。

（3）北立面

北立面也被划分为三部分——最低处的小室、中间的祭坛上部空间和最高处的钟楼：突出于平面的多边形由下往上，体积逐渐收缩至坡屋顶的中脊；立面转折处设壁柱，壁柱间设计有长条拱窗，层次丰富（图 3-100）。

图 3-100　北立面实景

3. 内部空间分析

（1）门厅

门厅位于南侧入口附近，与其他天主堂的门厅一样含有夹层。夹层由栏杆围护，其拱顶完全是中厅和侧廊拱顶的延续，使整个肋形拱顶浑然一体。夹层上放置有风琴、扩音器等设备，用于宗教活动。墙面正中是双联尖拱窗，做

139

中西建筑文化交融研究：以京津冀地区教堂建筑为例

A Study on the Integration of Chinese and Western Architectural Culture: Taking Beijing-Tianjin-Hebei Churches as Precedents

两层叠涩凹进，并镶嵌彩色玻璃窗，绚烂夺目。二层夹层的柱式变化丰富，包括通高两层直达拱顶的圆柱和支撑夹层楼板的四根小圆柱（图 3-101、图 3-102）。

图 3-101　门厅一层主入口空间实景

图 3-102　门厅夹层空间实景

夹层与正厅之间有一条横向的通道，正对着教堂东西两侧的次入口，在平面上与通向祭坛的甬道构成十字形，可视为疏散通道。

（2）正厅

正厅被两列中式圆柱分割为中厅和侧廊，中厅宽阔，侧廊狭窄。两列细长圆柱对称排列，将人的视线引向尽头的祭坛（图 3-103）。中厅和侧廊顶部均为八分肋尖拱券（图 3-104），体现了典型的哥特式风格。尖形拱券从细长圆柱的柱头上发散出来，使拱顶显得轻巧而富有变化，同时营造出一种升腾的动感。侧廊壁柱亦为中式传统红木方柱，壁柱之间是镶嵌着彩绘玻璃的尖拱形长条窗。每一壁柱上都悬挂着耶稣受难的油画，靠近祭坛的四根壁柱上分别设置雕像：西墙南设圣若瑟怀抱耶稣像，北设耶稣像，东墙南设圣女德勒撒像，北设圣母玛利亚像。

图 3-103　正厅实景　　　　　　　图 3-104　侧廊拱肋结构实景

（3）祭坛

正厅尽头是位于两级台阶之上的祭坛（图 3-105），因外侧壁柱和内侧圆柱的环绕而形成相套的两层空间。内层空间由 10 根圆柱包围，中间设十字形祭坛，供奉十字架，祭坛前设讲经台；外层由 10 根壁柱围绕形成弧形空间，在与祭坛相对的墙壁正中悬挂大型圣弥厄尔的雕像，雕像两侧、壁柱之间开设8 扇尖拱窗。

祭坛吊顶没有沿用中厅淡黄色的吊顶，而采用象征天空的淡蓝色，同时

中西建筑文化交融研究：以京津冀地区教堂建筑为例

A Study on the Integration of Chinese and Western Architectural Culture: Taking Beijing-Tianjin-Hebei Churches as Precedents

拱肋更加细密复杂（图 3-106）。内层空间吊顶对应的下方的祭坛和讲经台分别形成不同的拱肋结构：祭坛拱顶细密，外形近似半穹窿形；讲经台拱顶则沿用了中厅拱顶的"米"字形拱肋结构；外层弧形空间则是侧廊拱顶结构的延续。

图 3-105　祭坛实景

图 3-106　祭坛拱顶实景

第四章

京津冀地区天主教堂建筑文化解析

Chapter IV

Chapter **IV**

Summary of the Architectural
Features of Catholic Churches
in Beijing-Tianjin-Hebei
Region

中西建筑文化交融研究：以京津冀地区教堂建筑为例

A Study on the Integration of Chinese and Western Architectural Culture: Taking Beijing-Tianjin-Hebei Churches as Precedents

京津冀地区天主教堂主体建筑正立面多采用西方典型教堂形制，如哥特风格、罗曼风格、文艺复兴风格、巴洛克风格等；细部构造则融合中国传统建筑文化，体现出中西合璧的特征。本章从多个角度对其进行分析对比，总结京津冀地区天主教堂建筑群的文化特征。

一、选址布局分析
Location Layout Analysis

（一）教堂选址分析

西方教堂多采用开放式布局，多建造在城市中心的广场旁。教堂钟楼大多为城市的制高点，是城市的地标建筑之一。

北京地区具有代表性的四大天主堂位于人口密集的城区中心场所（图4-1），多为皇帝赐地建设，例如：明永历五年（1651年），皇帝在东城赐予

图4-1　北京城区天主教建筑分布图（1957年）

（图片来源：北京近代建筑 [M]）

利类思和安文思两位神父一处住所，即现在的王府井天主堂所在地；清康熙三十二年（1693 年），皇帝将西安门内蚕池口一处旧宅赐给传教士，即现在西什库天主堂的前身——蚕池口教堂所在地。

　　天津地区的天主教堂分布（图 4-2）与北京地区的分布状况有所不同，它们大多位于租界，如紫竹林教堂位于法租界，方济各会圣心堂位于意大利租界，而西开教堂和望海楼教堂也是城市的重要地段。望海楼教堂曾经还是天津的地标。

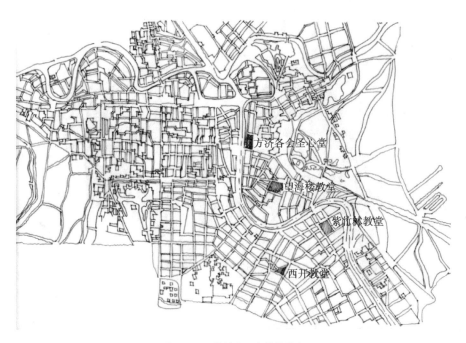

图 4-2　天津地区天主教堂分布

　　河北地区教区众多，教堂多位于城镇或村域的中心地带，如大名天主教宠爱之母正厅位于河北大名县城内东街（图 4-3）；宣化天主堂位于宣化古城中心的牌楼西街（图 4-4）；保定圣伯多禄天主教堂位于保定市中心（图 4-5），毗邻直隶总督署。

中西建筑文化交融研究：以京津冀地区教堂建筑为例

A Study on the Integration of Chinese and Western Architectural Culture: Taking Beijing-Tianjin-Hebei Churches as Precedents

图 4-3　大名天主教堂选址　　图 4-4　宣化天主教堂选址　　图 4-5　保定天主堂选址

（图片来源：贾丽君、吴畏绘制）

（二）建筑朝向

西方古典天主教堂按照教会举行仪式的规定，信徒必须面向耶路撒冷的圣墓，因此教堂坐东朝西。就现存的典型实例来看，京津冀地区天主教堂的朝向（见表 4-1）主要可分三类：沿袭西方传统，坐东朝西，如北京的王府井天主堂、河北的南单桥圣母圣心堂；遵循中国建筑坐北朝南的传统，如北京的西什库天主堂、天津的望海楼教堂、河北的保定天主堂等；少数教堂因地制宜，没有遵循上述两种方式，而是与当地的路网和院落布局保持一致，将主入口安排在街道附近或居民区，如西开教堂、大名天主堂等。

表 4-1　京津冀地区近代典型天主教堂立面朝向分析

教堂朝向	教堂名称
坐东朝西	王府井天主堂、南单桥圣母圣心堂
坐北朝南	宣武门天主堂、西什库天主堂、东交民巷天主堂、永宁天主堂、望海楼教堂、保定天主堂、保定南关天主堂、宣化天主堂、梁格庄天主堂、云台山圣若瑟堂
朝向街道	西直门天主堂（朝北）、南岗子天主堂（朝北）、西开教堂（朝东北）、紫竹林教堂（朝东南）、方济各会圣心教堂（朝东北）、大名天主堂（朝北）

（三）群体布局分析

京津冀地区天主教堂建筑群不同于西方的广场式布局，大多采用中国传统院落式，由教堂主体和附属建筑构成。教堂主体多位于院落中心，附属建筑如主教府、神父住宅、学校、孤儿院、敬老院、医院等围绕着教堂进行布局。

　　京津冀地区天主教堂建筑群的组织方式根据主体建筑和附属建筑的布局关系主要分为三种：①教堂和主入口在整个庭院的中轴线上，如北京西什库天主堂（图4-6）；②教堂和主入口不在一条轴线上，且教堂不在庭院的中轴线上，如宣武门天主堂的主入口位于教堂西侧，教堂位于院落的东面（图4-7）；③教堂主立面直接临街，附属用房位于院落内，如望海楼天主堂、西开教堂、大名天主堂、保定南关天主堂、方济各会圣心教堂等。

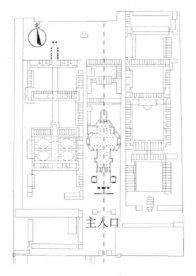

图4-6　西什库天主堂院落布局图

（图片来源：吴畏绘制）

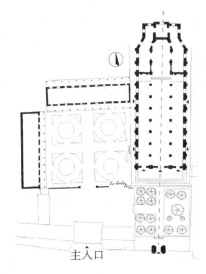

图4-7　宣武门天主堂院落布局图

（图片来源：吴畏绘制）

二、平面形制分析

The Plane Shape Analysis

　　西方早期天主教堂由古罗马巴西利卡式发展而来，平面形式最初也采用了巴西利卡式，后来随着宗教仪式的需要，在巴西利卡的基础上进行了改良，

中西建筑文化交融研究：以京津冀地区教堂建筑为例

A Study on the Integration of Chinese and Western Architectural Culture: Taking Beijing-Tianjin-Hebei Churches as Precedents

主入口改在了短边。罗马的圣莎比娜教堂，建造于422—432年。公元5世纪，罗马曾以圣莎比娜作为巴西利卡教堂的建筑标准，大力推广。后来又在改良的巴西利卡平面基础上向两侧延伸，在祭坛前增建一道横向的空间，发展出了拉丁十字式的平面。建于1080—1120年间的法国圣塞尔南大教堂，是世界上现存最大的罗马式教堂之一，平面是一个经过强调的拉丁十字式。而在一些拜占庭式和文艺复兴式教堂中，往往采用了集中式的平面布局。如朱利亚诺·达·桑加洛[1]为洛伦佐·德·美第奇[2]设计的圣玛利亚教堂，平面为四臂等长的希腊十字式。（见第2章的表2-2西方教堂典型平面形制。）

京津冀地区天主教堂在平面布局上延续了西方教堂传统，多数采用改良的巴西利卡式或拉丁十字式平面，如王府井天主堂、宣武门天主堂、望海楼教堂等。还有一些教堂，因分属不同国家的传教团体，而呈现不同的建筑特色，如由意大利传教士负责建造的方济各会圣心教堂就采用了集中式平面布局，体现了文艺复兴的特色。此外，有些乡村天主教堂由于规模较小，而采用简洁的矩形平面，大厅内部不设柱子，没有中厅与侧廊之分，只通过座椅的排布划分中间的走道和两侧的祷告空间，如献县南单桥圣母圣心堂。京津冀地区18座近代典型天主教堂平面形制如下（见表4-2）。

表4-2　京津冀地区近代典型天主教堂平面形制

平面形制	教堂名称
巴西利卡	王府井天主堂、宣武门天主堂、东交民巷天主堂、西直门天主堂、南岗子天主堂、永宁天主堂、望海楼教堂、紫竹林教堂、保定天主堂、保定南关天主堂、梁格庄天主堂、云台山圣若瑟堂
拉丁十字	西什库天主堂、西开教堂、大名天主堂、宣化天主堂
希腊十字	方济各会圣心教堂
矩形平面	南单桥圣母圣心堂

1　朱利亚诺·达·桑加洛（Giuliano da Sangallo，1445—1516年）是建筑师、雕塑家、军事工程师。建于普拉托的圣玛利亚教堂（1485—1491年）是他的杰作，为正十字形平面，深受勃鲁涅列斯基的影响，代表了15世纪最完美的古典建筑风格。
2　洛伦佐·德·美第奇（Lorenzo de'Medici，1449—1492年），意大利政治家、外交家、艺术家，同时也是文艺复兴时期佛罗萨的实际统治者。其所在的美第奇家族引领了整个意人利文艺复兴。

（一）巴西利卡式

巴西利卡是古罗马的一种公共建筑形式。其特点是平面呈长方形，外侧有一圈柱廊，主入口在长边，短边有耳室，采用条形拱券作为屋顶。大厅为东西向，西端有一平面突出的半圆形拱顶，下有半圆形圣坛。后来，基督教采纳其形式作为教堂后，为方便祷告，将主入口改在了短边，门开在西端，东端拱顶作为祭坛空间。

京津冀地区的很多天主教堂都采用了巴西利卡式平面，这种形式平面规整，结构简单，易与中式传统的坡屋顶结合，从而创造出满足宗教活动的空间。北京的宣武门天主堂、王府井天主堂，天津的紫竹林教堂、望海楼教堂，河北的保定天主堂、保定南关天主堂等（表4-3）均采用这种平面形式。其主要特征如下：入口设三门，中间为主入口，入口处通常有过渡空间；教堂内部采用纵长的布局，根据教堂规模设定进深数，内部被两排柱廊分隔为中厅和侧廊三部分空间；尽端为祭坛，祭坛有半圆形、多边形和矩形等形式，祭坛两侧围绕对称布置有储藏、更衣等辅助空间。

表4-3　京津冀地区采用巴西利卡式平面的教堂

宣武门天主堂	王府井天主堂	西直门天主堂

中西建筑文化交融研究·以京津冀地区教堂建筑为例

A Study on the Integration of Chinese and Western Architectural Culture: Taking Beijing-Tianjin-Hebei Churches as Precedents

续表

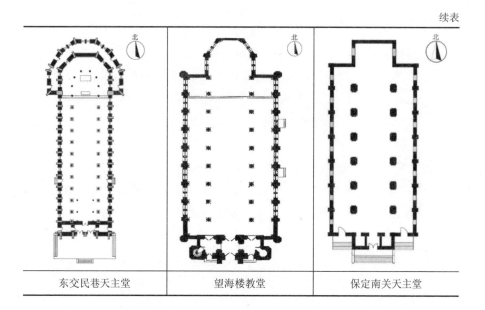

| 东交民巷天主堂 | 望海楼教堂 | 保定南关天主堂 |

（二）拉丁十字式

拉丁十字式平面是在巴西利卡平面祭坛前面增加一道横向的空间，高度和宽度都和正厅相等，但长度比正厅短，这样就形成了一个中厅长、横厅短的十字形平面形式。因为拉丁十字象征着耶稣受难，并且较适合宗教仪式的需要，所以一直被天主教会视为最正统的教堂平面形制（见第1章表1-2）。

京津冀地区规模较大的天主教堂，如西什库天主堂、西开教堂、大名天主堂、宣化天主堂采用了拉丁十字式的平面布局（表4-4）。其主要特征如下：入口经过一段过渡空间后为一个长方形大厅，两排柱廊将大厅纵向划分为一条中厅和两边的侧廊；大厅尽端正对半圆形或多边形的祭坛，祭坛前有一道横厅，两侧的空间作为小的祈祷所或唱诗席；祭坛平面凸出于十字形尽头，祭坛背后呈放射状地排列几个小礼拜堂，西什库天主堂和西开教堂的小礼拜堂前还有半圈环廊，两头和中厅对接。

表 4-4　京津冀地区采用拉丁十字式平面的教堂

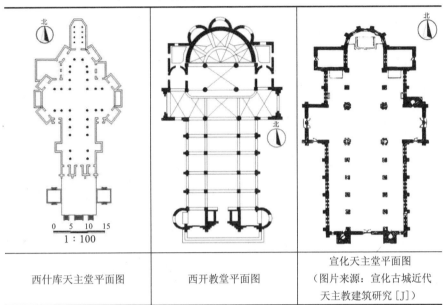

西什库天主堂平面图	西开教堂平面图	宣化天主堂平面图 （图片来源：宣化古城近代 天主教建筑研究［J］）

（三）希腊"十"字式

希腊"十"字式平面多用在采用集中式布局的教堂，主要见于拜占庭建筑，以东正教教堂为代表。希腊"十"字式平面一般围绕着"十"字中心巨大的穹顶展开，为平衡侧推力在穹顶四面对帆拱下的发券砌筑筒型拱，这样中央的穹顶和它四面的筒形拱就成了四臂等长的十字形结构,这样的平面就叫"希腊'十'字式"（见第 1 章的表 1-2）。15 世纪文艺复兴在意大利兴起，这一时期建筑师重新诠释了古典语言，抽取它的比例系统，出现了不少希腊十字式的天主教堂。

希腊"十"字式平面的教堂，多用于东正教教堂建筑中，在天主教堂中出现实属罕见。天津的方济各会圣心教堂采用了集中式布局(图4-8),平面四臂等长，只在北侧主入口开一个门。

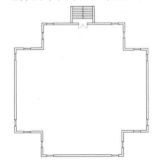

图 4-8　方济各会圣心教堂平面

151

中西建筑文化交融研究：以京津冀地区教堂建筑为例

A Study on the Integration of Chinese and Western Architectural Culture: Taking Beijing-Tianjin-Hebei Churches as Precedents

三、立面形制分析

Analysis of the Facade Shapes

　　随着天主教的发展，西方古典教堂的立面形式经历了多种形式的演变。教堂主立面演变可以归纳为早期基督教时期、拜占庭时期、罗曼时期、哥特时期、文艺复兴时期、巴洛克时期。

　　早期巴西利卡式教堂大都采用木屋架，以墙壁和古典柱式的柱子支撑。立面形式即剖面形式，如实反映巴西利卡式中厅高宽、侧廊低窄的特点（见第1章的表1-2）。东罗马帝国时期，教堂建筑采纳了古罗马的圆形拱顶和砖石拱券，形成了以巨大圆顶为主要特征的拜占庭风格。进入中世纪后，在罗曼式教堂中，砖石拱顶取代了木屋架，为了平衡中厅拱顶巨大的侧推力，侧廊必须升高，以抵住中厅拱顶的起脚，高度与中厅接近。立面上高耸的钟塔夹峙中厅的山墙，形成双塔式对称构图的新模式。起源于法国的哥特式教堂，其立面延续了罗曼式教堂西立面的双塔式对称构图，而在双塔之间设置了象征圣母的巨大圆形玫瑰窗。底层为三扇透视门，分别正对中厅和侧廊。文艺复兴式教堂则创造性地将希腊神庙立面向下延伸，运用科林斯壁柱支撑着檐部及其上面的希腊山花，而将底层的凯旋门恢复成高等于宽的正常比例，并穿入希腊神庙立面之中，其顶部的女儿墙则被希腊山花取代，从而将古希腊神庙与古罗马凯旋门紧密地结合为一体，创造出气势恢宏的教堂西立面。巴洛克教堂中古典柱式仍然是西立面造型的主要手段，但柱式的组合打破常规，仅仅为了造成节奏变化而采用双柱式。采用反理性的断山花，以及将弧形与两个三角形山花嵌套在一起的新奇样式。此外，用巨大的涡卷饰作为中厅与侧廊在立面上的过渡，使来回反曲的曲线造型更夸张。

（一）立面风格

　　京津冀地区的天主教堂立面风格大多延续了西方典型天主教堂的形制，以罗曼式和哥特式风格为主，在一些教堂中也体现了文艺复兴和巴洛克式风格，还有一些教堂随着天主教的本土化而体现了中西合璧的式样。

1. 罗曼式风格

教堂发展到罗曼时期，室内采用砖石拱顶取代了木屋架，为了平衡中厅拱顶巨大的侧推力，侧廊必须升高，以抵住中厅拱顶的起脚，剖面上侧廊高度与中厅接近。立面上高耸的钟塔夹峙中厅的山墙，形成双塔式对称构图的新模式。

京津冀地区罗曼式立面的天主教堂有王府井天主堂、西开教堂、保定天主堂。西开教堂体现出明显的罗曼式风格：主立面顶端上覆穹隆形圆顶的钟塔，一层门廊有半圆拱形门洞，侧立面壁柱之间没有半圆拱形长窗。

2. 哥特式风格

哥特式教堂立面延续了罗曼式教堂，西立面为双塔式对称构图，而在双塔之间设置了象征圣母的巨大圆形玫瑰窗。底层为三扇透视门，分别正对中厅和侧廊。此后，成对的钟塔、中央玫瑰窗以及底层三座透视门的组合成为哥特式教堂西立面的基本模式。

京津冀地区的哥特教堂大致分单钟塔和双钟塔两类。西什库天主堂、永宁天主堂、东交民巷天主堂、宣化天主堂立面为双钟塔布局，主立面典型三段式构图形式，由下及上逐层收缩的体量、叠涩凹进的尖券透视门、周边的尖券尖顶小装饰以及侧面通高壁柱之间的尖拱长窗均体现出哥特式教堂的特点。西直门天主堂、南岗子天主堂、大名天主堂、保定南关天主堂主立面两侧坡屋面夹峙正中的尖塔、层层收缩且垂直向上的外观布局、尖拱门窗及小尖塔装饰均呈现哥特式建筑特征。其中，望海楼教堂主立面正中顶部不设锥形尖塔，且更为简化。

3. 文艺复兴风格

文艺复兴时期教堂西立面造型以古典柱式为主要手段，巨柱、壁柱、嵌墙柱等得以广泛运用。文艺复兴风格创造性地将顶层的希腊神庙立面向下延伸，运用科林斯式壁柱以巨柱式的形式支撑檐部及其上的希腊山花，而将底层的凯旋门恢复成高等于宽的正常比例，并穿入希腊神庙立面之中，顶部的女儿墙则被希腊山花所取代，从而将古希腊神庙与古罗马凯旋门紧密地结合为一体，创造出气势恢宏的教堂西立面。如天津的方济各会圣心教堂，立面上端突出成三

153

中西建筑文化交融研究：以京津冀地区教堂建筑为例

A Study on the Integration of Chinese and Western Architectural Culture: Taking Beijing-Tianjin-Hebei Churches as Precedents

角形山花，墙面上开有半圆形窗，每个角都有希腊壁柱作为装饰。

4. 巴洛克式风格

巴洛克式教堂立面用断折式的元素打破叠柱所形成的水平联系，突出垂直划分。墙面设计了深深的壁龛，追求强烈的体积和光影变化，制造反常出奇的新形式。例如：宣武门天主堂和紫竹林教堂正立面的涡卷雕饰，凸出墙壁的壁柱产生的光影变化，均体现出巴洛克式教堂追求动感、自由的特点。叠砌的科林斯柱式将主立面纵分为三部分，每一部分都设置了装饰有复杂线脚和涡卷曲面的砖雕拱门和拱窗，体现出鲜明的巴洛克式和罗曼式建筑的特征。而立面顶端曲线轮廓的三角形山花和两侧巨大的涡卷则强调其巴洛克式的风格特色。

5. 中西合璧风格

随着近代中西建筑文化的交流，天主教堂上出现了中西合璧的特色。京津冀地区立面风格呈现中西合璧式的教堂有南单桥圣母圣心堂、云台山圣若瑟堂、梁格庄天主堂。南单桥圣母圣心堂和云台山圣若瑟堂立面上借用了中式硬山屋顶的山墙，体现中国传统建筑特色，而其立面顶端带十字架的钟楼和雕塑以及拱形门窗又体现西方教堂的一些特点。梁格庄天主堂立面则采用了中式传统的牌楼式造型，采用罗马半圆拱券门窗，体现中西合璧的风格。

（二）立面细部

京津冀地区天主教堂的立面基本上沿袭了西方教堂立面的基本形制，采用单钟楼或双钟楼布局，立面多为三段式，而在细部上呈现哥特式、罗曼式以及中西合璧等混合样式特征。具体而言，教堂通常建在台基之上，立面一般设三扇门，象征天主教"三位一体"。门洞一般为罗曼半圆形拱券或哥特式尖券门，叠涩层层出挑。如保定天主堂、罗曼式的立面上三个厚重的半圆形拱券门洞逐层挑出，上有圆形花窗，两侧为高大对称的钟楼，顶部有三角形山花；大名天主堂，立面哥特式单钟楼高高耸立，入口的透视门、墙面上的尖拱状装饰线脚，钟塔上部为尖券形壁龛，内为圣母怀抱耶稣的雕像；南单桥圣母圣心堂，西立面为一中式硬山墙面，入口采用中式大门式样，中间开罗曼式半圆拱门洞，体现了中西合璧的立面特征。也有一些教堂，如西直门天主堂，立面只设一门。

　　教堂立面门洞上方一般有圆形花窗（表4-5），如西什库天主堂。有的教堂设尖券花窗，如宣化天主堂立面。还有一些教堂如南单桥圣母圣心堂没有玻璃窗，而是设置窗形壁龛。上部一般有中文题写的天主堂匾额，顶部以三角形山花收束。部分教堂以钟楼高耸的塔尖作为结束，山花和钟塔的顶部多直接立有十字架。

表4-5　京津冀地区近代典型天主教立面花窗对比

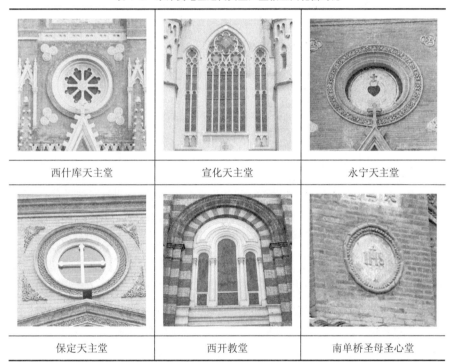

西什库天主堂	宣化天主堂	永宁天主堂
保定天主堂	西开教堂	南单桥圣母圣心堂

四、内部空间分析

Analysis of the Internal Spaces

　　西方的天主教堂都是根据宗教仪式的发展，利用教堂内部空间的变化，

中西建筑文化交融研究：以京津冀地区教堂建筑为例

A Study on the Integration of Chinese and Western Architectural Culture: Taking Beijing-Tianjin-Hebei Churches as Precedents

来渲染建筑的宗教氛围。无论巴西利卡式、拉丁十字式还是集中式布局，都是在长方形平面的基础上用柱廊、柱子纵向分隔室内空间，引导视线到达尽头的祭坛空间，同时营造一种神秘的宗教气氛。

京津冀地区的天主教堂建筑在空间营造方面遵循了西方的传统，同时吸收了中国传统建筑特色。通常保留了西方教堂的空间处理方法，即教堂的内部空间被木屋架的梁柱体系分隔成中厅与侧廊，通过局部高差的处理和平面形式的变化突出祭台的中心地位。在空间氛围的营造上，规模形制较大的天主教堂，如西什库天主堂、西开教堂、大名天主堂等同西方教堂一样，利用内部中厅高耸的狭长封闭空间、彩色玻璃长窗、变换的光影效果，营造神秘、庄重的宗教气氛。而在一些小规模的教堂上，则更多体现出中式传统建筑的空间特点，比如云台山圣若瑟堂的硬山造型以及内部的抬梁式构造，则是主动适应天主教堂宗教空间的功能。

（一）门厅

1. 入口空间

教堂的入口是区别教堂内外空间的屏障，往往起到过渡和缓冲的作用。京津冀地区有些天主教堂中在入口前不设置过渡空间，如宣武门天主堂、宣化天主堂，从正门进入后直接正对教堂的大厅空间，给人强烈的空间感。还有一些教堂利用入口两侧的小房间围合出门厅，给人逐渐开朗的空间感，如西开教堂东、西两侧分别相对开设三个门洞通向室内，门内有过渡空间；望海楼教堂门厅为一道封闭的东西向矩形空间，南侧是教堂的主入口。而一些单钟塔的教堂，如西直门天主堂、保定南关天主堂的门厅为对应钟塔凸出平面的长方形空间，同样给人以逐渐深入的感觉，造成一种神秘感，起到强烈的过渡效果。

2. 夹层空间

京津冀地区天主教堂入口上方大多设有夹层空间（表4-6），通过入口两侧或一侧的楼梯到达夹层。在一些规模较大的教堂中，夹层通常放置管风琴，如西开教堂、大名天主堂等。在一些中小教堂中，夹层空间往往作为唱诗席。

这些夹层空间结合教堂不同类型的吊顶以及层板造型呈现出形式的多样性。王府井天主堂、西开教堂等体现罗曼式建筑空间特点；宣化天主堂、西什库天主堂等体现哥特式建筑空间特点；京津冀地区还有一些教堂，由于规模较小，入口处没有空间夹层。梁格庄天主堂入口处为平面吊顶，不设夹层，云台山圣若瑟堂则梁架直接暴露在外，没有吊顶及夹层。

表4-6　京津冀地区近代典型天主教堂门厅夹层空间对比

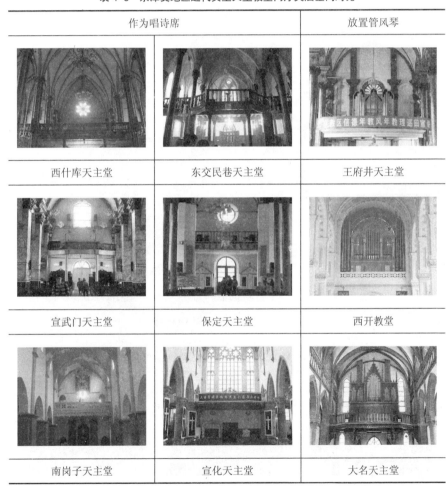

作为唱诗席		放置管风琴
西什库天主堂	东交民巷天主堂	王府井天主堂
宣武门天主堂	保定天主堂	西开教堂
南岗子天主堂	宣化天主堂	大名天主堂

中西建筑文化交融研究：以京津冀地区教堂建筑为例

A Study on the Integration of Chinese and Western Architectural Culture: Taking Beijing-Tianjin-Hebei Churches as Precedents

（二）正厅

西方古典天主教堂的正厅，是教徒进行弥撒活动、敬拜天主的主要场所。其内部往往通过纵深的柱廊，配合高窗射入的光线，营造出崇高而神秘的气氛。

京津冀地区的天主教堂规模较西方教堂小一些，也不是很高。其中大多数教堂的正厅空间都有中厅和侧廊之分，中厅和侧廊的高差不大，有的甚至没有高差，因此这些教堂的室内难以达到西方教堂那种宏大的视觉冲击。一些小型教堂如献县南单桥天主教堂，内部没有柱列，无中厅和侧廊之分，空间形式较为简单。

有中厅和侧廊的教堂根据其剖面形式又可分有高侧窗和无高侧窗两种。

1. 有高侧窗

京津冀地区有高侧窗（图4-9）的教堂以宣化天主堂、大名天主堂等为代表（表4-7），一般呈现哥特式教堂大厅的空间特点。柱廊的侧壁依次由尖券拱廊、三拱式拱廊和高侧窗构成，整体呈现强烈向上的动势，镶嵌彩色玻璃的巨大侧窗削弱了罗曼式建筑的厚重感，从而产生轻盈向上的神秘感。高侧窗的出现，一方面出于在教堂内部创造出神圣的空间的需要，另一方面也是哥特教堂结构发展更趋于合理的表现。教堂室内中厅和侧廊形成的纵深狭长空间和昏暗的光线也在教堂内营造出了静谧、幽远的宗教气氛。

图4-9　有高侧窗剖面空间

表4-7　京津冀地区近代典型天主教堂有高侧窗大厅对比

南岗子天主堂	宣化天主堂	大名天主堂

2. 无高侧窗

内部空间无高侧窗（图 4-10）的教堂，一般中厅和侧廊的高差很小，多呈现罗曼式教堂的空间特点，其中以王府井天主堂、保定天主堂等为代表。教堂内部的中厅和侧廊之间几乎没有高差，侧廊略低于中厅的拱顶，室内空间比较简洁，采用交叉连续拱顶，通过侧廊长窗采光，窗洞一般较小，内部光线黯淡，造成神秘、幽暗的气氛。而在一些中小教堂中，大厅空间没有圆拱或肋拱，而是在屋架下做平吊顶，或直接将梁架裸露在外（表 4-8）。

图 4-10 无高侧窗剖面空间

表 4-8 京津冀地区近代典型天主教堂无高侧窗大厅对比

西什库天主堂	王府井天主堂	宣武门天主堂

中西建筑文化交融研究：以京津冀地区教堂建筑为例

A Study on the Integration of Chinese and Western Architectural Culture: Taking Beijing-Tianjin-Hebei Churches as Precedents

续表

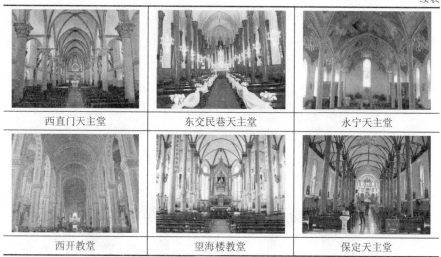

| 西直门天主堂 | 东交民巷天主堂 | 永宁天主堂 |
| 西开教堂 | 望海楼教堂 | 保定天主堂 |

（三）祭坛

祭坛用于供奉天主教的圣物十字架，是教堂中最神圣的地方。祭坛一般上覆半圆形穹顶，平面突出教堂主体。延续礼拜大厅侧壁的三层垂直面结构，后殿被分为三部分，光线透过双层彩绘花窗照射圣坛，更加烘托出它的神圣与庄严。祭坛空间很高，圣像的位置相对祭台比较高，产生了被天主俯视的心理感受，使人感到自己的渺小，从而有了一种敬畏感。

西方天主教堂的祭坛多位于后殿，是教堂内部的焦点。京津冀地区天主教堂的祭坛空间均位于中厅尽端，祭坛根据教堂规模，大小不一（见表4-9）。

表4-9 京津冀地区天主教堂祭坛空间对比

| 西什库天主堂 | 王府井天主堂 | 宣武门天主堂 |

续表

西直门天主堂	西开教堂	望海楼教堂
保定天主堂	宣化天主堂	大名天主堂
永宁天主堂	南岗子天主堂	东交民巷天主堂
云台山圣若瑟堂祭坛手绘图 （图片来源：王宇辉绘制）		南单桥圣母圣心堂祭坛手绘图 （图片来源：王宇辉绘制）

规模较大的天主教堂的祭坛空间一般是由长柱环绕围合成为半圆形，柱式向上发券构成半个穹隆吊顶，并且由柱顶散射出数条细肋相交于一点，如保定天主堂、宣化天主堂。或者间由半圆墙壁和穹顶构成，穹顶分别饰有圆拱和尖拱造型，如大名天主堂。而对于一些规模较小的教堂，经堂空间比较简单，就是几层台阶之上的矩形空间，供奉十字架，悬挂耶稣或圣母的神像，如南岗子天主堂。

京津冀地区天主教堂祭坛的装饰风格为中西合璧式，很多教堂祭坛的墙上挂着中式对联和象征基督的十字旗，对联上写着天主的教诲。

五、外部空间分析

Analysis of the External Spaces

（一）墙体

教堂外部的墙体主要起到结构和装饰的功能。早期罗曼式教堂，因为承重的需要，以厚重的墙体为主要特征。教堂发展到哥特式以后，墙体结构被解放出来，教堂更加注重墙体的装饰，不仅通过色彩的对比，还通过不同材质的区分来表现墙面的装饰性。哥特教堂发展到后期，飞扶壁的应用更加丰富了墙体的层次。

京津冀地区天主教堂的墙体受制于教堂规模和材料，在结构上并没有西方教堂那么复杂。京津冀地区的天主教堂的材料有别于以石材为主的西方教堂，多采用砖作为墙体材料，在砖墙上表现西方传统教堂的线脚和装饰。墙体的石雕、扶壁[1]（表 4-10）、拱心石[2]等细部装饰增强了京津冀地区天主教堂所处环

1 扶壁，一种石质结构或砖结构，作用在于为墙体提供横向支撑，主要有飞扶壁、角扶壁、斜扶壁、缩进式四种类型。飞扶壁多用于大教堂，由几个飞行的单拱组成，可以将中殿高拱顶或屋顶的推力传达到外部粗壮的墩柱上。角扶壁，分别位于垂直墙面的相邻两面，通常建在尖塔的转角处。如果两个扶壁在转角处不碰头，叫作缩进式。如果两个角扶壁在碰头处接合为一个扶壁而包裹住整个转角，叫作接合式。斜扶壁只有一个，位于两面垂直墙面交会处的转角位置。

2 拱心石，又名拱顶石，是拱门或拱道建筑，在最顶端要有一块石块来契合两边的石头并承受其压力。

表 4-10　京津冀地区近代典型天主教堂外墙对比

西什库天主堂	王府井天主堂	宣武门天主堂
西直门天主堂	西开教堂	望海楼教堂
大名天主堂	保定天主堂	宣化天主堂

境中的地位，既依存和融合于环境之中，又不丧失教堂的独特装饰效果。

（二）屋顶

西方教堂建筑着重突出立面而降低屋顶在造型中的重要性，除了拥有大穹顶的教堂外，早期巴西利卡式教堂立面能看出屋顶的轮廓，后期罗曼式、哥特式等都是用巨大的钟楼将屋顶遮住，弱化其给人的印象。而在中国传统建筑中，屋顶作为重要组成部分一直被放在首要地位，有突出的艺术表现力。不管是官式屋顶还是民间建筑的屋顶都是标准化的，屋顶除了有围护作用外，更代

中西建筑文化交融研究：以京津冀地区教堂建筑为例

A Study on the Integration of Chinese and Western Architectural Culture: Taking Beijing-Tianjin-Hebei Churches as Precedents

表建筑的地位和等级，并由此来表现建筑拥有者的尊卑地位。

　　京津冀地区早期的天主教堂延续了西式教堂屋顶的形式，屋顶轮廓因为被教堂立面和周边女儿墙挡住而有所弱化。后期建造的天主教堂屋顶结合了中式屋顶特色，屋顶和墙体在檐口有明显的过渡搭接，有的直接把屋顶形式表现在正立面上，如南单桥圣母圣心堂、云台山圣若瑟堂（表4-11）。许多教堂主体部分的屋顶采用了中式硬山，教堂的祭坛部分通常采用类似攒尖顶，通常与中厅屋顶不在同一层高。对于教堂附加的祈祷室或者更衣室，通常采用单独的双坡屋顶、攒尖屋顶或者单坡屋顶等不同的形式。

表4-11　京津冀地区近代典型天主教堂屋顶形式对比

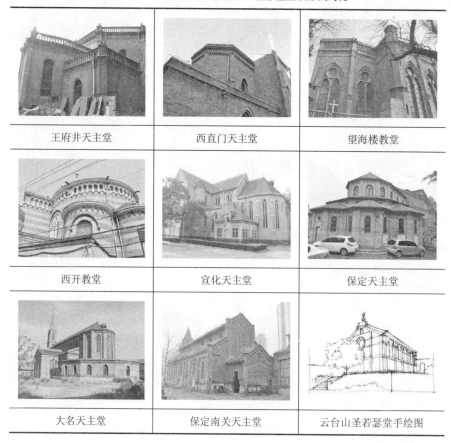

王府井天主堂	西直门天主堂	望海楼教堂
西开教堂	宣化天主堂	保定天主堂
大名天主堂	保定南关天主堂	云台山圣若瑟堂手绘图

六、细部装饰分析

The Detailed Decoration Analysis

（一）天花

西方传统的天主教堂往往采用石制拱顶作为支撑屋顶的结构，室内将交叉拱顶、肋拱、圆拱、扇拱等结构直接外露，通过拱顶营造向上的动势；有的教堂为了更加绚丽的效果而在拱顶上装饰壁画；也有一些早期巴西利卡式教堂，内部空间以平吊顶装饰，以方格网装饰天花（表4-12）。

表4-12 西方典型天主教堂天花形式

拱顶	穹顶画	平吊顶
沙特尔大教堂手绘图 （图片来源：王宇辉绘制）	西斯廷教堂 （图片来源：http://meigui 666575.blog.163.com/blog/static/ 5760732012920254 48637/）	罗马圣玛利亚教堂正厅手绘图 （图片来源：王宇辉绘制）

京津冀地区现存典型的天主教堂天花（表4-13）大多沿袭西式传统，但采用本土化的材料，采用砖砌或木制拱顶，如大名天主堂、宣化天主堂等；有些教堂仅仅是在柱梁结构的屋架下做肋状吊顶造型，如西什库天主堂、保定天主堂；有些在梁架结构下做平吊顶，如梁格庄天主堂、保定南关天主堂；还有一些小型教堂，如云台山圣若瑟堂，没有专门天花，梁架结构直接暴露在外。

中西建筑文化交融研究：以京津冀地区教堂建筑为例

A Study on the Integration of Chinese and Western Architectural Culture: Taking Beijing-Tianjin-Hebei Churches as Precedents

表4-13　京津冀地区近代典型天主教堂天花对比

西什库天主堂	宣武门天主堂	王府井天主堂
西直门天主堂	南岗子天主堂	永宁天主堂
望海楼教堂	西开教堂	方济各会圣心教堂
保定天主堂	大名天主堂	宣化天主堂

续表

南单桥圣母圣心堂室内手绘图	云台山圣若瑟堂室内手绘图	梁格庄天主堂室内手绘图

（图片来源：王冠群、吴畏绘制）

（二）柱式

西方天主教堂中的柱子都是承重构件，起到划分空间的作用。一般采用古典柱式，材料以裸露的石材为主，保留石材的本色。而柱子又分柱础、柱身、柱头三部分，由于柱子各部分尺寸、比例、形状的不同，加上柱身的处理方式和装饰花纹各异，形成各不相同的柱子样式。中式殿堂中的柱子同样起到承重的功能，不同之处是材料多为木质，柱上有斗拱与柱头。

京津冀地区的天主教堂大部分都采用砖木梁柱结构，堂内柱式（表4-14）不同于西方古典柱式，形式多样，各具特色。从京津冀地区现存教

表4-14 京津冀地区近代典型天主教堂柱式对比

西什库天主堂	宣武门天主堂	王府井天主堂

中西建筑文化交融研究：以京津冀地区教堂建筑为例

A Study on the Integration of Chinese and Western Architectural Culture: Taking Beijing-Tianjin-Hebei Churches as Precedents

续表

西直门天主堂

南岗子天主堂

望海楼教堂

西开教堂

紫竹林教堂

保定天主堂

宣化天主堂

大名天主堂

堂实例中可以发现以下规律：在材料上，主要是石制、木制、砖砌、木芯包砖四种；在形式上，以圆形柱为主，北堂、西开教堂和南岗子天主堂为方柱，木柱上很少用雕刻装饰；在色彩上，融合中式传统，多施以红漆和金色装饰，如云台山圣若瑟堂；教堂内柱础多为石质，主要有扁鼓形、四方抹角形、六边形和正方形，柱础饰以简单的浅浮雕，通常见到的扁鼓状柱础上雕有鼓钉。

从实例来看，西开教堂柱子为砖砌方柱，四周镶以水磨石，柱顶还镶嵌花形装饰物；王府井天主堂为金丝楠木圆柱，外饰大理石纹，柱顶饰木刻浮雕；宣化天主堂柱子为科林斯式圆柱，但形式较传统式样更为简化；保定天主堂为红色木制细长圆柱，柱础为中国传统圆鼓形，基座为很薄的方形石制。

（三）玻璃花窗

彩色玻璃是教堂文化的产物，起源于中世纪的哥特教堂，在诞生初期，它是专门用于教堂建筑的。教堂的玻璃花窗一般是琉璃烧制的精美图画，通过拼合组成一幅幅五颜六色的圣经故事，不仅起到装饰作用，而且起到了向不识字的民众宣传教义的作用，色彩之艳丽，线条之流畅，令人叹为观止，具有很高的艺术成就。当阳光照射时，可以产生灿烂夺目的效果，形成了教堂内部神秘的景象，从而改变了罗曼式建筑因采光不足而形成沉闷压抑的空间，营造出强烈的宗教气氛。

京津冀地区天主教堂建筑建造之初，玻璃花窗多从欧洲进口，如大名天主堂的玻璃花窗就是从法国定制的，非常珍贵，教堂内部营造的神秘气氛有利于教徒皈依天主。然而这些教堂的玻璃花窗（表4-15）在历史上多次遭到毁坏，因此保存至今的玻璃花窗显得更为珍贵。目前，该地区的玻璃花窗大多经过修缮，有的恢复了原始的模样，如在修复西直门天主堂的过程中恢复了玻璃花窗上的圣经故事的绘画；有的只是用透明玻璃对窗户进行了简单的修补，如大名天主堂。

中西建筑文化交融研究：以京津冀地区教堂建筑为例

A Study on the Integration of Chinese and Western Architectural Culture: Taking Beijing-Tianjin-Hebei Churches as Precedents

表4-15　京津冀地区近代典型天主教堂玻璃窗对比

西什库天主堂	宣武门天主堂	王府井天主堂
西直门天主堂	东交民巷天主堂	永宁天主堂
西开教堂	紫竹林教堂	宣化天主堂
保定天主堂		大名天主堂

参 考 文 献

References

[1] 陈志华 . 外国建筑史 [M]. 北京：中国建筑工业出版社，2004.

[2] 陈志华 . 文物建筑保护文集 [M]. 南昌：江西出版集团，2008.

[3] 程建军 . 开平碉楼——中西合璧的侨乡文化景观 [M]. 北京：中国建筑工业出版社，2007.

[4] 邓庆坦 . 中国近、现代建筑历史整合研究论纲 [M]. 北京：中国建筑工业出版社，2008.

[5] 范毅舜 . 走进一座大教堂 [M]. 北京：生活·读书·新知三联书店，2006.

[6] 李路珂 . 北京古建筑地图（上册）[M]. 北京：清华大学出版社，2009.

[7] 李晓丹 . 康乾期中西建筑文化交融 [M]. 北京：中国建筑工业出版社，2011.

[8] 李欣，金凯，于讴 . 欧洲传统建筑门饰窗饰艺术 [M]. 天津：天津大学出版社，2007.

[9] 李学通 . 近代中国的西式建筑 [M]. 北京：人民文学出版社，2006.

[10] 李允鉌 . 华夏意匠：中国古典建筑设计原理分析 [M]. 天津：天津大学出版社，2005.

[11] 梁思成 . 中国建筑史 [M]. 天津：百花文艺出版社，1998.

[12] 楼庆西 . 中国传统建筑装饰 [M]. 北京：中国建筑工业出版社，1999.

[13] 卡米尔 . 哥特艺术：辉煌的视像 [M]. 北京：中国建筑工业出版社，2004.

[14] 潘谷西 . 中国建筑史 [M]. 北京：中国建筑工业出版社，2004.

[15] 钱正坤 . 图说中国古代建筑艺术 [M]. 南京：江苏人民出版社，2009.

[16] 王世仁，张复合，村松伸 . 中国近代建筑总览：北京篇 [M]. 北京：中国建筑工业出版社，1993.

中西建筑文化交融研究：以京津冀地区教堂建筑为例

A Study on the Integration of Chinese and Western Architectural Culture: Taking Beijing-Tianjin-Hebei Churches as Precedents

[17] 佟洵. 基督教与北京教堂文化 [M]. 北京：中央民族大学出版社，1999.

[18] 王其钧. 古典建筑语言 [M]. 北京：机械工业出版社，2006.

[19] 王其钧. 西方建筑图解词典 [M]. 北京：机械工业出版社，2006.

[20] 柯霍. 建筑风格学 [M]. 沈阳：辽宁科学技术出版社，2006.

[21] 许政. 澳门宗教建筑 [M]. 北京：中国电力出版社，2008.

[22] 杨秉德，蔡萌. 中国近代建筑史话 [M]. 北京：机械工业出版社，2004.

[23] 杨秉德. 中国近代中西建筑文化交融史 [M]. 北京：中国建筑工业出版社，2003.

[24] 余三乐. 中西文化交流的历史见证 ———明末清初北京天主教堂 [M]. 广州：广东人民出版社，2006.

[25] 张复合. 北京近代建筑史 [M]. 北京：清华大学出版社，2004.

[26] 张复合. 图说北京近代建筑史 [M]. 北京：清华大学出版社，2008.

[27] 张复合. 中国近代建筑研究与保护（二）[M]. 北京：清华大学出版社，2001.

[28] 张复合. 中国近代建筑研究与保护（三）[M]. 北京：清华大学出版社，2003.

[29] 中国建筑设计研究院建筑历史研究所. 北京近代建筑 [M]. 北京：中国建筑工业出版社，2008.

[30] 周至禹. 深沉与仰望——沐浴欧洲教堂的艺术之光 [M]. 重庆：重庆大学出版社，2008.

[31] 朱子仪. 欧洲大教堂 [M]. 上海：上海人民出版社，2008.

[32] 穆默. 摄影日记 [M]. 德国柏林，1902.

[33] 杜赫德. 耶稣会士中国书简集：中国回忆录 [M]. 吕一民，沈坚，郑德弟，译. 郑州：大象出版社，2005.

[34] 哈特曼. 耶稣会简史 [M]. 谷裕，译. 北京：宗教文化出版社，2003.

[35] 利玛窦，金尼阁. 利玛窦中国札记 [M]. 何高济，王遵仲，李申，译. 桂林：广西师范大学出版社，2001.

[36] 马达罗. 1900 年的北京 [M]. 北京：东方出版社，2006.

[37] 安田朴，谢和耐. 明清间入华耶稣会士和中西文化交流 [M]. 耿昇，译. 成

都：巴蜀书社，1993.

[38] 布衣 . 澳门掌故 [M]. 香港：广角镜出版社，1979.

[39] 蔡鸿生 . 澳门史与中西交通研究 [M]. 广州：广东高等教育出版社，1998.

[40] 戴逸 .18 世纪的中国与世界 [M]. 沈阳：辽海出版社，1998.

[41] 樊国梁 . 燕京开教略 [M]. 救世堂，清光绪三十一年（1905 年）.

[42] 费赖之 . 在华耶稣会士列传及书目 [M]. 冯承钧，译 . 北京：中华书局，1995.

[43] 复旦大学历史系中国近代史教研组 . 中国近代简史 [M]. 上海：上海人民出版社，1975.

[44] 刚恒毅 . 中国天主教美术 [M]. 台北：台湾光启出版社，1968.

[45] 顾长声 . 传教士与近代中国 [M]. 上海：上海人民出版社，1981.

[46] 顾长声 . 从马礼逊到司徒雷登——来华新教传教十评传 [M]. 上海：上海书店出版社，2005.

[47] 胡玲 . 耶稣会创始人——罗耀拉 [J]. 世界宗教文化，2004（02）:9-11.

[48] 计翔翔 . 十七世纪中期汉学著作研究：以曾德昭《大中国志》和安文思《中国新志》为中心 [M]. 上海：上海古籍出版社，2002.

[49] 利玛窦，金尼阁 . 利玛窦中国札记 :1583——1610[M]. 北京：中华书局，1983.

[50] 刘侗，于奕正 . 帝京景物略 [M]. 北京：北京古籍出版社，1983.

[51] 利玛窦 . 利玛窦书信集 [M]，罗渔，译 . 台北：光启出版社，1986.

[52] 马士，宓亨利 . 远东国际关系史 [M]. 上海：上海书店出版社，1998.

[53] 维瑟 . 墙外的圣女雅妮 [M]. 李磊，译 . 北京：中国友谊出版公司，2007.

[54] 莫小也 .17—18 世纪传教士与西画东渐 [M]. 北京：中国美术学院出版社，2002.

[55] 牟钟鉴，张践 . 中国宗教通史 [M]. 北京：社会科学文献出版社，2003.

[56] 王美秀 . 基督教史 [M]. 南京：江苏人民出版社，2008.

[57] 王寅城，魏秀堂 . 澳门风物 [M]. 珠海：珠海出版社，1998.

中西建筑文化交融研究：以京津冀地区教堂建筑为例

A Study on the Integration of Chinese and Western Architectural Culture: Taking Beijing-Tianjin-Hebei Churches as Precedents

[58] 王治心．中国基督教史纲 [M]．上海：上海古籍出版社，2007.

[59] 文庸，乐峰，王继武．基督教词典 [M]．北京：商务印书馆，2005.

[60] 谢炳国．基督教仪式和礼文 [M]．北京：宗教文化出版社，2008.

[61] 徐宗泽．中国天主教传教史概论 [M]．上海：上海书店出版社，2010.

[62] 布罗斯．发现中国 [M]．济南：山东画报出版社，2002.

[63] 晏可佳．中国天主教简史 [M]．北京：宗教文化出版社，2001.

[64] 余三乐．早期西方传教士与北京 [M]．北京：北京出版社，2001.

[65] 余三乐．中西文化交流的历史见证：明末清初北京天主教堂 [M]．广州：广东人民出版社，2006.

[66] 张民，等．北京风光 [M]．北京：北京美术摄影出版社，2004.

[67] 张星烺．中西交通史料汇编（第二册）[M]．北京：中华书局出版，1977.

[68] 张庆熊．基督教大辞典 [M]．上海：上海辞书出版社．2010.

[69] 周燮藩．中国的基督教 [M]．商务出版社，2000.

[70] 朱静．洋教士看中国朝廷 [M]．上海：上海人民出版社，1995.

[71] 朱杰勤，黄邦和．中外关系史辞典 [M]．武汉：湖北人民出版社．1992.

[72] 曹伦．近代川西天主教教堂建筑 [D]．成都：西南交通大学，2003.

[73] 董黎，杨文滢．从折中主义到复古主义——近代中国教会大学建筑形态的演变 [J]．华中建筑，2005（04）:160-162.

[74] 樊华．基督教建筑对近代中国建筑形态影响研究 [D]．长春：东北师范大学，2009.

[75] 方冉.19 世纪风格性修复理论以及对当代中国历史建筑保护的再认识 [D]．上海：同济大学，2007.

[76] 富玫妹．北京西什库天主教教堂建筑研究 [D]．北京：中国矿业大学，2010.

[77] 高彩霞，田棋．银川市天主教堂建筑研究 [J]．宁夏工程技术，2006（02）:209-212.

[78] 高彩霞.19 世纪中叶以后的宁夏教堂建筑研究 [D]．西安：西安建筑科技大学，2006.

[79] 郭方芳．武汉基督教教堂建筑设计研究 [D]．武汉：武汉理工大学，

2008.

[80] 韩松，王润生，徐强．欧洲教堂与中国寺庙建筑空间之比较 [J]．华中建筑，2004（01）:132-134.

[81] 黄慧华．浅谈哥特式建筑艺术和文艺复兴时期教堂建筑不同特征 [J]．广东建筑装饰，2004（4）：22-23.

[82] 黄倩，浦欣成．基督教教堂西立面演变探析——以拉丁十字式巴西利卡形制为中心 [J]．新美术，2009,30（06）:85-90.

[83] 黄瑶．重庆近代天主教堂建筑研究 [D]．重庆：重庆大学，2003.

[84] 黄子刚．元代基督教研究 [D]．广州：暨南大学，2004.

[85] 焦艳美．天主教堂建筑风格 [J]．中国宗教，1995（2）:51-51.

[86] 金涛．北京的西洋建筑与中西文化交流 [J]．知识就是力量，2008（4）:64-66.

[87] 金莹．北京地区天主教教堂建筑研究 [D]．北京：中国矿业大学，2011.

[88] 靳道兴．明清澳门天主教堂建筑与澳门城市发展 [J]．兰台世界，2011（13）.20-21.

[89] 斯特里克兰．西方建筑简史——拱的艺术 [M]．王毅，译．上海：上海人民美术出版社，2005.

[90] 李德君，孙巍巍，王丽．中国寺庙与西方教堂建筑空间之差异 [J]．黑龙江科技信息，2007（12）:243.

[91] 李少锋．从基督教教堂建筑这个侧面探讨当代建筑设计手法 [D]．南京：东南大学，2006.

[92] 李薇薇．从明清教堂建筑看基督教文化在中国的传播 [D]．北京：中国人民大学，2003.

[93] 李晓丹．16—18 世纪中国基督教教堂建筑 [J]．建筑师.2003（04）.

[94] 李晓丹．17—18 世纪中西建筑文化交流 [D]．天津：天津大学，2004.

[95] 梁雪．从北京庄王府到天津李纯祠堂——对民居整体性搬迁的思考 [J]．建筑师，2008（01）:93-96.

[96] 林爱梅．澳门文物建筑保护 [J]．世界建筑，1999（12）：70-77.

[97] 刘鹏．北京的天主教和教堂 [J]．北京档案，2008（05）:40-41.

中西建筑文化交融研究：以京津冀地区教堂建筑为例

A Study on the Integration of Chinese and Western Architectural Culture: Taking Beijing-Tianjin-Hebei Churches as Precedents

[98] 刘智颖，朱永春. 福州近代教堂与传统建筑的互动 [J]. 福州大学学报（自然科学版），2005（05）:633-637.

[99] 陆成兰. 清代西什库天主堂 [J]. 紫禁城，1996（02）:36+35.

[100] 吕倩. 图像学语境下的中世纪基督教与伊斯兰教宗教建筑比较研究 [D]. 天津：天津大学，2012.

[101] 马宁，寿劲秋. 澳门圣若瑟圣堂——巴洛克建筑手法的演绎 [J]. 广东建筑装饰，2005（6）:52-55.

[102] 毛兵. 中国传统建筑空间的修辞研究 [D]. 西安：西安建筑科技大学，2008.

[103] 彭建华. 基督教堂建筑空间的发展与演绎 [J]. 建筑与文化，2008（8）:56-57.

[104] 孙军华. 陕西近代教堂建筑的保护历史及现状研究 [D]. 西安：西安建筑科技大学，2006.

[105] 佟洵. 试论北京历史上的教堂文化 [J]. 北京联合大学学报，2000（3）:3-11.

[106] 王立明. 开平碉楼中西交融建筑形式探讨 [D]. 杭州：浙江大学，2008.

[107] 王莉，张微俊. 中西文化交融下的延安桥儿沟天主教教堂 [J]. 中外建筑，2008（7）:68-70.

[108] 王瑛，李瑾. 西方文化影响下的太原天主教堂建筑 [J]. 太原理工大学学报，2006, 37（2）:246-248.

[109] 巫丛. 中西方宗教建筑空间的比较 [J]. 南方建筑，2005（2）:16-18.

[110] 武云霞. 澳门的教堂 [A]. 建筑史论文集（第16辑）[C]：2002（10）: 174-182.

[111] 杨豪中，孙跃杰. 宣化古城近代天主教建筑研究 [J]. 西安建筑科技大学学报（自然科学版），2006,38（3）:390-394.

[112] 许政，陈泽成. 入世精神的出世建筑——澳门的天主教教堂 [J]. 新建筑,2009,（02）:89-93. [2017-10-10].89-9.

[113] 燕晓. 京都教堂 [J]. 北京房地产，1995（09）:49-51.

[114] 杨杰. 浙江近代典型教堂建筑研究 [D]. 杭州：浙江大学，2007.

[115] 杨明．京津冀地区近代天主教堂研究 [D]．北京：中国矿业大学，2015．

[116] 杨豪中，孙跃杰．宣化古城近代天主教建筑研究 [J]．西安建筑科技大学学报（自然科学版），2006,38（3）:390-394．

[117] 张春亭．走访修复中的北京天主教北堂 [J]．瞭望周刊，1985(42):49-50．

[118] 张复合．圆明园"西洋楼"与中国近代建筑史 [J]．新建筑，1986（2）:93-100．

[119] 张韦．教堂建筑设计初探 [J]．四川建筑，2000,（04）:28-29．

[120] 张卫，宋盈．异曲同工的精神建筑——试比较西欧哥特式教堂与中国古塔 [J]．中外建筑,2002,（02）:10-12．

[121] 赵皎钦．洒满基督香气的教堂 [J]．天风,2002,（03）:36．

[122] 郑力鹏．对广州近代建筑保护问题的一点思考 [J]．2000 年中国近代建筑史国际研讨会，2007．

[123] 周进．上海近代基督教堂研究（1843 － 1949）[D]．上海：同济大学，2008．

[124] 周楠．浅谈哥特式教堂的建筑语汇 [J]．艺术与设计：理论,2009（5）:123-125．

[125] 朱文一，马瑞．北京城的高度 [J]．中外文化交流，2009（2）:146-155．

[126] 卓新平．教堂建筑艺术漫谈 [J]．中国宗教，2008（3）:45-47．

[127] 斯托莫．通玄教师——汤若望．达素彬，译．北京：中国人民大学出版社，1989．

[128] 范秀传．澳门纪略 [J]．中国边疆史地研究，1992（4）:107-107．

[129] 管恩森．十字架遭遇龙图腾——明清基督教与中国的宗教性文化对话 [D]．北京：北京语言大学，2005．

[130] 惠泽霖，李国庆．北堂书史略 [J]．文献,2009（02）:32-56．

[131] 刘碧霞，刘飞．明清时期中国礼仪之争事件始末 [J]．兰台世界，2013（03）：104-105．

[132] 刘大年．论康熙 [J]．历史研究，1961（03）：129．

[133] 戚印平．沙勿略与耶稣会在华传教史 [J]．世界宗教研究，2001（1）:66-74．

中西建筑文化交融研究：以京津冀地区教堂建筑为例

A Study on the Integration of Chinese and Western Architectural Culture: Taking Beijing-Tianjin-Hebei Churches as Precedents

[134] 邱树森．元代伊斯兰教与基督教之争 [J]．回族研究，2001（3）:39-42.

[135] 田志坚．耶稣会士文化适应政策对明末清初士人的影响 [D]．成都：四川大学，2007.

[136] 拓晓堂．北堂善本书概述 [J]．国家图书馆学刊，1993(Z2):83+112-120.

[137] 许明龙．试评 18 世纪末以前来华的欧洲耶稣会士 [J]．世界历史，1993（4）：19-27+127.

[138] 张国刚，吴莉苇．礼仪之争对中国经籍西传的影响 [J]．中国社会科学,2003（4）:190-203.

[139] 周岩．北堂西文善本七种 [J]．世界汉学，2005（1）:231-232.

冷静自信　兼收并蓄

Be Calm, Confident and Eclectic

代　跋

　　在很多人眼里，建筑设计与研究行业就是到处走走，欣赏各地美景，看看高楼大厦等等。作为从业多年的业界学者，我深深地明白，要想真正有所作为，真正有所创新，一定是辛苦的，甚至是辛酸的。从事中西建筑文化交流领域研究十载有余，成果颇丰。在这成果背后，饱含了辛勤的努力，辛苦的付出：带领青年学子起早贪黑，查阅资料，实地调研，包括一些偏远地区的教堂，测绘、发问卷、统计数据，几乎没有什么节假日……

　　回顾我们的研究，明清至近代，中西建筑文化交流经历了主动吸纳的平等交流时期，也经历了百年屈辱的被动输入时期。如今，中国文化历经沧桑巨变，早已经走出了自卑的阴影。面对信息时代的今天，面对更为广泛、更为频繁的对外交流，冷静自信、兼收并蓄是我们坚定不移的选择。事实上，今天我们国家独立了，经济发展了，人民富裕了，但有一点我们必须面对：我们的文化还尚未完全从沧桑中走出来，还有那么一点点不自信；曾经历经苦难的部分中国人民还有那么一点点盲目。因此，如何冷静自信地面对西方文化，去其糟粕，取其精华，是我们今天必须思考的命题，冷静自信是基于对中国文化和外来文化的深厚了解。本书以中西建筑文化交融为视角，从建筑的角度系统研究了明清至近代京津冀地区的天主教堂建筑的发展。希望对青年学子的学习、对爱好研究文化的人群有所帮助，希望大众从中更加了解中国文化、西方文化，对今后如何兼收并蓄吸纳外来文化，尤其是建筑设计如何兼收并蓄吸收外来文化有所启迪。

著者

2018 年 3 月